计 算 机 公 共 课 系 列 教 材

Visual Basic程序设计基础

主　编　黄文斌

副主编　郭　玮　　闻　谊

参　编　杨运伟　　熊建强　　孟德鸿

　　　　代永平　　黄　斌　　彭红梅

WUHAN UNIVERSITY PRESS

武汉大学出版社

图书在版编目(CIP)数据

Visual Basic 程序设计基础/黄文斌主编 . —武汉:武汉大学出版社,2010.2

计算机公共课系列教材

ISBN 978-7-307-07608-2

Ⅰ.V… Ⅱ.黄… Ⅲ.BASIC 语言—程序设计—高等学校—教材 Ⅳ.TP312

中国版本图书馆 CIP 数据核字(2010)第 019337 号

责任编辑:林 莉   责任校对:黄添生   版式设计:支 笛

出版发行:**武汉大学出版社** (430072 武昌 珞珈山)

(电子邮件:cbs22@whu.edu.cn 网址:www.wdp.com.cn)

印刷:湖北金海印务有限公司

开本:787×1092 1/16 印张:16.75 字数:418 千字

版次:2010 年 2 月第 1 版   2010 年 2 月第 1 次印刷

ISBN 978-7-307-07608-2/TP·353   定价:28.00 元

计算机公共课系列教材

编 委 会

内容提要

本书以案例为基础，为学生提供了一种新的学习编程的方法。在体系结构上将 Visual Basic 语言与相关的控件有机地结合，按照案例驱动教学的思想组织和编写，将程序设计的基本知识融入实际案例的分析和制作过程中，使学生不但学会了程序设计的知识，还掌握了分析问题和解决问题的能力。本书各章涵盖了计算机教学指导委员会 Visual Basic 教学大纲的知识点，同时兼顾了全国计算机等级考试大纲的要求，内容丰富，可以作为大学本、专科程序设计教材和自学参考书。

Visual Basic（简称 VB）是在原有的 Basic 语言的基础上发展起来的，是 Microsoft 公司开发的一种面向对象和事件驱动的程序设计语言。VB 简单易学、功能强大、应用广泛，不仅是计算机专业人员喜爱的开发工具，也是非专业人员易于学习和掌握的一种程序设计语言。它几乎可以完成 Windows 环境下全部应用程序的开发任务。

Microsoft 公司开发的可视化程序设计系列语言在功能和编程方法上是一致的，学会其中一门语言，其他语言就容易掌握了，VB 适合作为第一门可视化程序设计语言来学习。

为了配合计算机基础教学指导委员会提出的"1+X"课程体系改革，编者结合多年 VB 教学和研究实现，针对非计算机专业学生学习程序设计的特点，精心设计、组织、编写了本书。

本书将 VB 可视化编程和 VB 语言的学习结合起来，采用基于案例的手法。通过对大量的、生动有趣的实例的讲解，让学生掌握 VB 编程的精髓，从而学习和理解可视化的面向对象编程的思想。

本书共分 10 章，各章内容如下：

第 1 章介绍 VB 的特性、安装与启动、集成开发环境、VB 编程的步骤以及 VB 的基本概念，并介绍了窗体、标签和命令按钮等控件的使用。

第 2 章介绍顺序结构程序设计的基本概念、数据类型、变量、常量、内部函数和表达式，介绍了图片框、图像框、滚动条和文本框等控件的使用。

第 3 章介绍了选择结构程序设计的基本概念、VB 中实现选择结构的语句和函数，介绍了单旋钮、复选框和框架等控件的使用。

第 4 章介绍了循环结构程序设计的基本概念、VB 中实现循环结构的语句的使用，介绍了定时器、进度条等控件的使用。

第 5 章介绍了数组的基本概念和相关的语法，介绍了列表框和组合框等控件的使用。

第 6 章介绍了 VB 中的 Sub 过程、Function 过程以及变量的作用域等相关的概念和语法。

第 7 章介绍了通用对话框以及多窗体设计以及相关的概念和语法。

第 8 章介绍了文件的概念、随机文件、顺序文件等概念，介绍了文件相关的控件，驱动器列表框、目录列表框、文件列表框等的使用。

第 9 章介绍了 VB 中多媒体编程的基本概念，介绍了多媒体相关的控件图像控件、图片框控件、直线控件、形状控件等的使用，以及常用的绘图方法。

第 10 章介绍了 VB 数据库编程的基本概念和相关对象的使用。

本书可以作为大学本科、专科以及培训教材，也可以作为自学参考书。

本书中的所有实例都是在中文 Visual Basic 6.0 上调试通过的。

本书由黄文斌副教授主编并完成统编定稿。参加编写的有黄文斌（第 1 章）、黄斌（第 2、

3 章)、熊建强(第 4 章)、杨运伟(第 5 章)、彭红梅(第 6 章)、郭玮(第 7 章)、孟德鸿(第 8 章)、闻谊(第 9 章)、代永平(第 10 章)。

　　本书在编写和出版过程中得到了武汉大学计算中心领导的大力支持,在此表示由衷的感谢。

　　由于时间仓促,书中难免存在一些不妥之处,恳请读者提出宝贵意见。

作　者

2010 年 1 月

目 录

第1章　Visual Basic 的基本概念 ……………………………………………………… 1

1.1　Visual Basic 简介 ……………………………………………………………… 1

1.1.1　Visual Basic 的发展 ……………………………………………………… 1

1.1.2　Visual Basic 的特点 ……………………………………………………… 3

1.1.3　如何学习 Visual Basic …………………………………………………… 4

1.2　Visual Basic 的集成开发环境 ………………………………………………… 4

1.2.1　Visual Basic 的安装 ……………………………………………………… 4

1.2.2　Visual Basic 的启动和退出 ……………………………………………… 5

1.2.3　Visual Basic 的开发环境 ………………………………………………… 7

1.2.4　Visual Basic 的帮助系统 ………………………………………………… 11

1.3　创建 Visual Basic 应用程序的步骤 …………………………………………… 13

1.3.1　建立用户界面 ……………………………………………………………… 14

1.3.2　设置控件属性 ……………………………………………………………… 15

1.3.3　编写事件过程代码 ………………………………………………………… 16

1.3.4　保存和生成可执行文件 …………………………………………………… 18

1.3.5　运行和调试 ………………………………………………………………… 19

1.4　Visual Basic 面向对象编程基础 ……………………………………………… 21

1.4.1　对象与类 …………………………………………………………………… 21

1.4.2　对象的属性、事件与方法 ………………………………………………… 22

1.5　窗体、标签和命令按钮 ………………………………………………………… 23

1.5.1　通用属性 …………………………………………………………………… 23

1.5.2　窗体 ………………………………………………………………………… 25

1.5.3　标签控件 …………………………………………………………………… 27

1.5.4　命令按钮 …………………………………………………………………… 28

第2章　顺序结构程序设计 …………………………………………………………… 30

2.1　基本概念及语法 ………………………………………………………………… 30

2.1.1　数据类型 …………………………………………………………………… 30

2.1.2　常量与变量 ………………………………………………………………… 33

2.1.3　表达式与运算符 …………………………………………………………… 36

2.1.4　常用内部函数 ……………………………………………………………… 39

2.1.5　语句和方法 ………………………………………………………………… 47

2.2　控件 ……………………………………………………………………………… 49

2.2.1 图片框和图像框 …………………………………………………………… 49

2.2.2 滚动条 …………………………………………………………………………… 53

2.2.3 文本控件 ……………………………………………………………………… 54

第3章 选择结构程序设计 …………………………………………………… 56

3.1 基本概念及语法 …………………………………………………………… 56

3.1.1 逻辑运算符与表达式 ……………………………………………… 56

3.1.2 If 语句 ……………………………………………………………………… 56

3.1.3 情况语句 Select Case ……………………………………………… 60

3.1.4 条件函数 ………………………………………………………………… 60

3.2 选择类控件 …………………………………………………………………… 62

3.2.1 单选钮 …………………………………………………………………… 62

3.2.2 复选框 …………………………………………………………………… 64

3.2.3 框架控件 ………………………………………………………………… 67

第4章 循环结构程序设计 …………………………………………………… 70

4.1 循环语句 ………………………………………………………………………… 70

4.1.1 循环的基本概念 ……………………………………………………… 70

4.1.2 While…Wend（当型）循环语句 ……………………………… 70

4.1.3 Do…Loop 循环语句 ………………………………………………… 73

4.1.4 循环中途退出 ………………………………………………………… 77

4.1.5 For…Next 循环语句 ………………………………………………… 78

4.1.6 多重循环 ………………………………………………………………… 82

*4.1.7 For Each…Next 循环 ……………………………………………… 85

4.2 控件 ………………………………………………………………………………… 88

4.2.1 定时器控件 ……………………………………………………………… 88

4.2.2 进度条控件 ……………………………………………………………… 91

第5章 数组 ……………………………………………………………………………… 95

5.1 基本概念及语法 …………………………………………………………… 95

5.1.1 静态数组 ………………………………………………………………… 96

5.1.2 动态数组 ……………………………………………………………… 100

5.1.3 控件数组 ……………………………………………………………… 102

5.2 控件 ……………………………………………………………………………… 104

5.2.1 列表框 ………………………………………………………………… 104

5.2.2 组合框 ………………………………………………………………… 107

第6章 过程 …………………………………………………………………………… 110

6.1 Sub 过程 ……………………………………………………………………… 110

6.1.1 Sub 过程的定义 ……………………………………………………… 110

6.1.2　子过程的建立 ··· 112

6.1.3　过程的调用 ·· 113

6.2　Function 过程 ·· 115

6.2.1　Function 过程的定义 ·· 115

6.2.2　Function 过程的调用 ·· 116

6.3　过程之间参数的传递 ·· 117

6.3.1　形式参数与实际参数 ·· 117

6.3.2　传地址与传值 ·· 119

6.4　变量的作用域 ··· 125

6.4.1　过程级变量——局部变量 ·· 125

6.4.2　窗体/模板级变量 ·· 126

6.4.3　全局变量 ··· 126

6.4.4　静态变量 ··· 128

第 7 章　多窗体设计 ··· 130

7.1　通用对话框 ··· 130

7.1.1　打开通用对话框的方法 ··· 131

7.1.2　设置通用对话框控件的属性 ······································ 133

7.1.3　"打开文件"与"保存文件"对话框 ······························ 134

7.1.4　"颜色"对话框 ·· 136

7.1.5　"字体"对话框 ·· 136

7.1.6　"打印"对话框 ·· 137

7.1.7　综合实例 ··· 139

7.2　多窗体设计 ··· 143

7.2.1　建立多个窗体 ·· 143

7.2.2　设置启动窗体 ·· 145

7.2.3　Sub Main 过程 ··· 146

7.2.4　与多窗体设计相关的语句和方法 ································· 146

7.2.5　窗体间通信 ·· 151

7.2.6　其他窗体方法 ·· 157

第 8 章　文件 ·· 161

8.1　文件的概念 ··· 161

8.1.1　文件的结构 ·· 161

8.1.2　文件的分类 ·· 161

8.1.3　数据文件的读写操作 ·· 163

8.2　文件系统控件 ··· 166

8.2.1　驱动器列表框 ·· 167

8.2.2　目录列表框 ·· 168

8.2.3　文件列表框 ·· 170

8.2.4　文件系统控件的联动 ·· 172

8.3　顺序文件 ·· 172

8.3.1　顺序文件的打开与关闭 ·· 172

8.3.2　顺序文件的读写操作 ·· 173

8.4　随机文件 ·· 177

8.4.1　随机文件的打开与关闭 ·· 177

8.4.2　写随机文件 ·· 177

8.4.3　读随机文件 ·· 178

8.4.4　随机文件访问的一般步骤 ·· 179

第9章　多媒体应用 ·· 180

9.1　绘图基础 ·· 180

9.1.1　坐标系统 ·· 180

9.1.2　颜色设置 ·· 186

9.2　图形控件 ·· 188

9.2.1　图像控件 ·· 188

9.2.2　图片框控件 ·· 188

9.2.3　直线控件 ·· 189

9.2.4　形状控件 ·· 190

9.3　常用绘图方法 ·· 192

9.3.1　Pset 方法 ·· 193

9.3.2　Line 方法 ·· 194

9.3.3　Circle 方法 ·· 196

9.3.4　Point 方法 ·· 197

9.3.5　Cls 方法 ·· 198

9.4　设计动画 ·· 198

9.4.1　改变控件的 Left 和 Top 属性 ·· 199

9.4.2　Move 方法 ·· 199

9.5　音频和视频 ·· 200

9.5.1　多媒体控制接口控件的概念 ·· 201

9.5.2　多媒体控制接口控件属性 ·· 203

9.5.3　多媒体控制接口控件的事件 ·· 206

第10章　Visual Basic 数据库应用 ·· 212

10.1　数据库基础 ·· 212

10.1.1　数据库的基本概念 ·· 212

10.1.2　建立和维护数据库 ·· 213

10.2　SQL 语言 ·· 218

10.3　数据连接控件和数据绑定控件 ·· 221

附录 A　ASCII 码表 ··· 233

附录 B　常用对象的约定前缀 ··· 234

附录 C　VB6.0 常用属性 ··· 235

附录 D　VB6.0 常用方法 ··· 239

附录 E　VB6.0 常用事件 ··· 244

附录 F　常用内部函数 ··· 247

附录 G　常见错误信息 ··· 250

参考文献 ··· 252

第 1 章　Visual Basic 的基本概念

1.1　Visual Basic 简介

1.1.1　Visual Basic 的发展

Visual Basic（简称 VB）是在 BASIC 语言的基础上发展而来的。

BASIC 语言是 20 世纪 60 年代由美国达特茅斯大学的 J. Kemeny 和 T. Kurtz 两位教授共同设计的计算机程序设计语言，全称为 Beginner's All-purpose Symbolic Instruction Code，其含义是"初学者通用的符号指令代码"。它由十几条语句组成，简单易学，人机对话方便，程序调试简便，很快得到了广泛应用。

20 世纪 80 年代，随着结构化程序设计的需要，新版本的 BASIC 语言在功能上进行了较大扩充，增加了数据类型和程序控制结构，其中较有影响的有 True BASIC、Quick BASIC 和 Turbo BASIC 等。

1988 年，Microsoft 公司推出 Windows 操作系统，以其为代表的图形用户界面（graphic user interface，GUI）在微型计算机领域引发了一场革命。在 GUI 中，用户只需通过鼠标的单击和拖曳来形象地完成各种操作，而不必键入复杂的命令，因此深受用户的欢迎。但对于程序员来说，开发一个基于 Windows 平台的应用程序，其工作量相当大。于是在这种背景下可视化程序设计语言应运而生。可视化程序设计语言除了提供常规的编程功能外，还提供了一套可视化的程序设计工具，便于程序员建立图形对象，巧妙地将 Windows 编程的复杂性"封装"起来。

1991 年，Microsoft 公司推出的 Visual Basic 以可视化工具进行界面设计，以结构化 BASIC 语言为基础，以事件驱动为运行机制。它的诞生标志着软件设计和软件开发的一个新时代的开始。Visual Basic 经历了从 1991 年的 1.0 版至 1998 年的 6.0 版的多次版本升级，其主要差别是：更高版本的 Visual Basic 能提供更多、功能更强的用户控件；增强了多媒体、数据库、网络等功能，使得应用范围更广。使用 Visual Basic 既可以开发个人或小组使用的小型软件，又可以开发多媒体软件、数据库应用程序、网络应用程序等大型软件，是国内外最流行的程序设计语言之一，也是学习开发 Windows 应用程序首选的程序设计语言。

为了满足网络技术快速发展和广泛应用的需要，2002 年 Microsoft 推出了 Visual Basic. Net，它增加了更多特性，而且演化为完全面向对象的程序设计语言（如 C++、Java 等）。VB 的发展历史见表 1-1。

表 1-1 **Visual Basic 发展历史表**

时间	版本	操作系统版本	功　　能
1964 年	BASIC	DOS	一种 DOS 时代的编程工具
1990 年	Visual Basic 1.0	Windows 3.0	第一个"可视化""时间驱动"的编程工具，可编写基于 Windows 平台的图形用户界面（GUI）的程序
1992 年	Visual Basic 2.0	Windows 3.1	增加了 OLE，功能、界面和速度都有所改善
1993 年	Visual Basic 3.0		增加数据库引擎，支持直接访问数据库
1995 年	Visual Basic 4.0	Windows 95	增加了对"类"的支持，引入了面向对象的概念，既可用于编写 Win3.X 平台的 16 位应用程序，也可编写 Win95 平台的 32 位应用程序
1997 年	Visual Basic 5.0		扩展了数据库、ActiveX 和 Internet 方面的功能
1998 年	Visual Basic 6.0	Windows 98	进一步加强了数据库、Internet 和创建控件方面的功能，完善的版本
2001 年	Visual Basic.NET		基于.NET 平台的升级版本，真正的面向对象编程语言，与 VB 不兼容

　　Visual Basic 是 Microsoft 的一种通用程序设计语言，包含 Microsoft Excel、Microsoft Access 等众多 Windows 应用软件中的 VBA 都使用 Visual Basic 语言，以供用户进行二次开发。目前制作网页使用较多的 VBScript 脚本语言也是 Visual Basic 的子集。

　　利用 Visual Basic 的数据访问特性，用户可以对包括 Microsoft SQL Server 和其他企业数据库在内的大部分数据库格式创建数据库和前端应用程序以及可调整的服务器端部件。利用 ActiveX（TM）技术，Visual Basic 可使用 Microsoft Word 字处理器、Microsoft Excel 电子数据表及其他 Windows 应用程序提供的功能，甚至直接使用由 Visual Basic 专业版或企业版创建应用程序和对象。用户最终创建的程序是一个真正的.exe 文件，可以自由发布。

　　Visual Basic 提供了学习版、专业版和企业版，用以满足不同的开发需要。学习版使编程人员很容易地开发 Windows 和 Windows NT 的应用程序，是针对初学者的版本。该版本包括所有的内部控件（标准控件）以及网络（Grid）控件、选项卡和数据绑定（data bound）控件。专业版为专业编程人员提供了功能完备的开发工具，专业版中包含了学习版的所有功能，是针对计算机专业人员的版本，除具有学习版的全部功能外，该版本还包括 Active 控件、Internet 信息服务器、应用程序设计器、集成的数据工具和数据环境、活动数据对象以及动态 HTML 页面设计器。企业版是 Visual Basic 的最高版本，可供专业人员以小组的形式来创建强大的分布式应用程序，它包括专业版的所有特性，同时具有自动化管理器、部件管理器、数据库管理工具以及 Back Office 工具，Microsoft Visual Source Safe 面向工程版的控制系统、SQL Server 以及其他辅助工具，等等。

　　本书主要介绍 Visual Basic 6.0 的中文企业版，其内容也适用于专业版和学习版，所有应用程序都可以在专业版和学习版中运行。

1.1.2　Visual Basic 的特点

Visual Basic 6.0 是一种可视化的、面向对象和采用事件驱动方式的结构化高级程序设计语言，可用于开发 Windows 环境下的各类应用程序。它主要有下述几方面的特点。

1. 基于对象的可视化设计工具

在用传统程序设计语言编程时，都是通过编写程序代码来设计用户界面的，在设计过程中看不到实际显示的效果，必须编译运行后才能看到。如果对界面不满意还得重新修改程序，如此反复多次，大大影响了软件的编写效率。而使用 Visual Basic 提供的可视化的编程工具，它把 Windows 界面设计的复杂性"封装"起来。开发人员不必为界面设计编写大量的代码，只需要按设计要求的屏幕布局，用系统提供的工具，在屏幕上画出图形对象，并设置图形的属性，Visual Basic 即可产生界面的设计代码，程序设计人员只需要编写程序功能的那部分代码，因此可以大大提高程序设计的效率。

2. 面向对象的程序设计方法

4.0 版特别是 5.0 版以后的 Visual Basic 支持面向对象的程序设计方法，但它与一般的面向对象的程序设计语言（如 C++）不完全相同。在一般面向对象的程序设计语言中，对象由程序代码和数据组成，是抽象的概念；而 Visual Basic 则是应用面向对象的程序方法（OOP），把程序和数据合起来作为一个对象，并为每个对象赋予应有的属性，使对象成为实在的东西。

3. 结构化程序设计语言

Visual Basic 具有高级程序设计语言的程序结构，其语句简单易懂。Visual Basic 的编辑器支持彩色代码，可自动进行语法错误检查。此外，Visual Basic 还具有使用灵活且功能极强的编译器和调试器。

4. 事件驱动的编程机制

Visual Basic 是通过事件来执行对象的操作，每一个对象都能响应多个不同的事件，每一个事件都可以以一段程序来响应，该程序代码决定了对象的功能，我们把这种机制称为事件驱动。事件由用户的操作触发。例如，命令按钮中的一个对象，当用户单击按钮时，则触发按钮（click）的单击事件，而在产生该事件时将会执行一段程序，用来实现指定的操作。若用户未进行任何操作，即未触发事件，则程序将处于等待状态。整个应用程序就是由彼此独立的事件过程构成的。因此，Visual Basic 创建应用程序的过程，就是为各个对象编写事件的过程。

5. 支持多种数据库的访问

利用数据控件和数据库管理窗口，可以直接建立 Microsoft Access 格式的数据库，并提供强大的数据存储功能和检索功能，还能编辑和访问其他的外部数据库，如 DBase、FoxPro、Paradox 等。此外，Visual Basic 还提供了开放式的数据库连接（open dataBase connectivity，ODBC），可通过直接访问或建立连接的方式使用、操作后台大型网络数据库，如 SQL Server、Oracle 等。可视地创建和修改数据库结构和查询；创建 SQL Server、Oracle 数据库表，利用拖放来创建视图以及自动更改列的数据类型。

除此之外，Visual Basic 还提供了一些其他功能，包括新增数据访问的功能 ADO（ActiveX 数据对象）、对象的链接与嵌入（OLE）、Internet 组件下载、DHTML 应用程序、Web 发布向导、新增控件 ADOData、新的 OLEDB 识别的数据源控件、ToolBar 控件、DataGrid 控件、远程数据对象（RDO）和远程控件（RDC），并具有声明、触发、管理自定义事件的功能。

计算机公共课系列教材

1.1.3　如何学习 Visual Basic

要掌握好 VB，首先要分析 VB 的程序组成，VB 程序通常分为下述两部分。

1．Visual 可视化界面设计

Visual 的含义是程序运行时在计算机屏幕上展示的界面。其作用是与用户交互，接收并显示数据。这部分由 VB 提供的窗体、菜单、对话框、按钮、文本框等控件集成起来，用户只要像"搭积木"一样根据需要"拿来"使用，然后设置相关的属性，就可获得自己所需的界面。

2．Basic 程序设计

Basic 程序设计主要是对获得的数据进行处理，这是程序的主体，也是实质所在。Basic 程序设计涉及程序设计方法、算法设计、代码编写等。虽然 BASIC 语言具有简单易学的特点，但这只是程序设计语言的表示形式。不同程序设计语言的算法思想是共同的，这也是学习程序设计语言的难点。而且编译系统对代码的正确书写要求非常严格，任何微小的差错都是不能容忍的。

对于这两部分，前者界面设计直观、简单，容易掌握；而后一部分涉及解题思路分析、算法设计、代码编写等多个环节，难度比较大，相对而言会枯燥些。对于简单程序，前者所占的比重大，学习起来相对简单；而对于复杂程序，则应将主要精力放在后者。由于这两部分的特点，可能会使初学者觉得 VB 学习"进门容易，入道难"。实际上，不管哪种程序设计语言，主体都是在后者，这是程序功能的实质所在。学习程序设计是一个不断学习、实践、积累和掌握的过程。程序设计的目的就是培养分析问题的能力、逻辑思维的方式以及解决实际问题的能力。

1.2　Visual Basic 的集成开发环境

1.2.1　Visual Basic 的安装

1．VB 6.0 的运行环境

在安装 VB 6.0 时要注意硬盘的剩余空间，下面列出安装 VB 6.0 时所需的硬件要求。

（1）90MHz 或更高的微处理器。

（2）VGA（640*480）或更高的监视器。

（3）鼠标或其他定点设备。

（4）CD-ROM 或 DVD-ROM 驱动器。

（5）32MB 以上内存。

（6）硬盘空间要求：

学习版：典型安装 48MB，完全安装 80MB。

专业版：典型安装 48MB，完全安装 80MB。

企业版：典型安装 128MB，完全安装 147MB。

VB 6.0 可以在多个操作系统下运行，如 Windows 98、Windows 2000、Windows 2003、Windows XP 等。

2. VB 6.0 的安装

（1）将 VB 6.0 安装光盘放入光驱，系统会自动运行安装程序。如果不能自动安装，可以双击安装光盘中的 setup.exe 文件。执行安装程序，将弹出安装程序向导。

（2）单击"下一步"按钮，选择"接受协议"对话框。

（3）单击"下一步"按钮，在"产品号和用户 ID"对话框中输入产品 ID、姓名和公司名称。

（4）单击"下一步"按钮，在"Visual Basic 6.0 中文企业版"对话框中选择"安装 Visual Basic 6.0 中文企业版"选项。

（5）单击"下一步"按钮，设置安装路径，然后打开"选择安装类型"对话框。

（6）如果选择"典型安装"，系统会自动安装一些最常用的组件；如果选择"自定义安装"，用户则可以根据自己的实际需要有选择地安装组件。

（7）单击"下一步"按钮，弹出版权警示与说明内容对话框。单击"继续"按钮，选择安装路径与安装模式后，将开始自动安装 VB 6.0 环境。

安装完成后，系统将提示"重新启动计算机"，以便进行一系列的更新及配置工作。

VB 6.0 安装完成后，将提示用户是否安装 MSDN 帮助程序。如果要安装 MSDN 帮助文件，应将 MSDN 帮助文件光盘放入光驱，按提示进行安装。安装完成 MSDN 程序后，在 VB 6.0 开发环境中按<F1>键可打开 MSDN 帮助程序。如果不想安装 MSDN，在安装界面中取消 MSDN 安装选项即可。

3. VB 6.0 的更改和删除

安装完成 VB 6.0 后，在程序开发过程中，有时还需要添加或删除某些组件。具体实现步骤如下：

（1）将 VB 6.0 光盘放入光驱。

（2）双击"控制面板"中的"添加或删除程序"，打开"添加或删除程序"对话框。

（3）在当前程序列表中选择"Microsoft Visual Basic 6.0 中文企业版"选项。

（4）单击"更改/删除"按钮。弹出 VB 6.0 安装程序对话框，其中包括三个按钮。

"添加/删除"按钮：如果要添加新的组件或删除已安装的组件，单击此按钮，在弹出的对话框中选中需要添加或删除的组件前的复选框。

"重新安装"按钮：如果安装的 VB 6.0 有问题，可单击此按钮重新安装。

"全部删除"按钮：单击此按钮可将安装的所有 VB 6.0 组件从系统卸载。

1.2.2　Visual Basic 的启动和退出

1. VB 6.0 的启动

与其他的应用程序一样，VB 6.0 的启动方法很多，下面介绍通过开始菜单启动 VB 6.0 的方法。

（1）单击"开始"菜单|"程序"|"Microsoft Visual Basic 6.0 中文版"|"Microsoft Visual Basic 6.0 中文版"，如图 1-1 所示，即可以启动 Visual Basic。

（2）启动 Visual Basic 6.0 后，屏幕上将显示"新建工程"对话框，如图 1-2 所示。

在"新建"选项卡中，列出了可以在 VB 6.0 中使用的工程类型。下面介绍一些常用的应用程序。

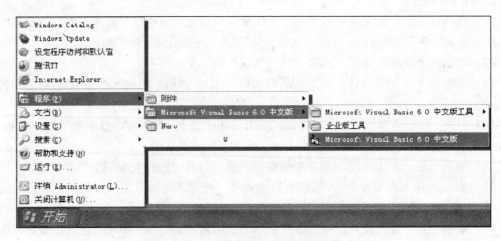

图 1-1   从开始菜单启动 VB 6.0

图 1-2   "新建工程"对话框

①标准 EXE：这种应用程序提供了较为简洁的工作环境，比较适合初学者使用。本书只讨论这种工程类型。

②ActiveX EXE 和 ActiveX DLL：这两种应用程序仅包含在专业版和企业版中，用于建立进程外的对象的链接与嵌入服务器应用程序项目类型。它们只是包装不一样，ActiveX EXE 程序包装成可执行文件，ActiveX DLL 程序包装成动态链接库。

③ActiveX 控件：用于开发用户自定义的 ActiveX 控件。

④VB 应用程序向导：用于在开发环境中直接建立新的应用程序框架。

⑤数据工程：为编程人员提供了开发数据报表应用程序的框架。

⑥IIS 应用程序：用 Visual Basic 代码编写服务器的 Internet 应用程序，用于响应由浏览器发出的用户请求。

⑦外接程序：用于创建自己的 Visual Basic 外接程序。

⑧ActiveX 文档 EXE 和 ActiveX 文档 DLL 程序：用于创建在超链接环境中运行的 Visual Basic 应用程序。

⑨DHTML 应用程序：用于编写可进行 HTML 页面操作的 Visual Basic 代码，并且可以将处理过程传递到服务器上。

⑩VB 企业版控件：用于向工具箱中加入企业版控件图标。

（3）在"新建工程"对话框中选择要创建的工程类型（如选择"标准 EXE"），然后单击"打开"按钮，就进入了 VB6.0 的主界面。

2. VB 6.0 的退出

选择"文件"菜单中的"退出"命令或者按 Alt+Q 组合键，也可以单击 VB 6.0 用户界面右上角的"关闭"按钮。

在退出 VB6.0 时，如果当前程序已经修改但尚未保存，则会出现对话框，询问是否要存盘。此时，单击"是"按钮则存盘；单击"否"按钮则退出且不存盘。

1.2.3　Visual Basic 的开发环境

VB 的集成开发环境（IDE）是一组软件工具，它是集应用程序的设计、编辑、运行和调试等多种功能于一体的环境，为程序设计提供了极大的便利。如图 1-3 所示。

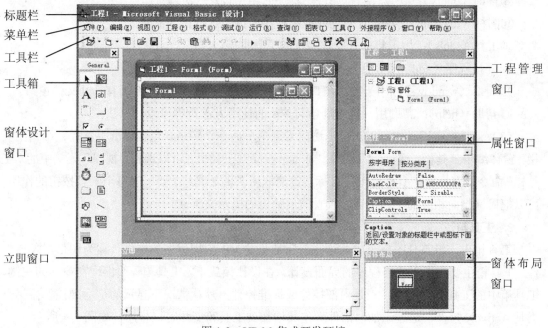

图 1-3　VB6.0 集成开发环境

1. 主窗口

主窗体由标题栏、菜单栏和工具栏组成。

（1）标题栏：标题栏中的标题为"工程 1-Microsoft Visual Basic[设计]"，其中"[设计]"说明此时集成开发环境处于设计模式，进入其他模式后，其中的文字会相应地变化。VB6.0 有三种模式。

①设计模式：在设计模式，可以设计窗体、绘制控件、编写代码、设置和查看控件的属性值。

②运行模式：代码正在运行的时期，用户可以与应用程序交流。此时可查看代码，但不能修改。

③中断模式：应用程序的运行暂时中断，此时可以编辑代码，但不可编辑界面。按 F5 键或单击"继续"按钮可以继续运行程序；单击"结束"按钮停止程序的运行。在此模式下会弹出"立即"窗口，可以在窗口中输入简短的命令，并立即执行。

（2）菜单栏：VB 菜单栏包括如下 13 个下拉菜单，它们是程序设计过程中最常用的菜单。

①文件（file）：用于创建、打开、保存、显示最近的工程以及生成可执行文件。

②编辑（edit）：用于程序源代码的编辑。

③视图（view）：用于集成开发环境下查看程序源代码和控件。

④工程（project）：用于控件、模块和窗体等对象的处理。

⑤格式（format）：用于窗体控件的对齐等格式操作。

⑥调试（debug）：用于程序的调试和差错检查。

⑦运行（run）：用于程序启动、设置中断和停止程序运行。

⑧查询（query）：在设计数据库应用程序时用于设计 SQL 属性。

⑨图标（diagram）：在设计数据库应用程序时编辑数据库的命令。

⑩工具（tools）：用于集成开发环境下的工具扩展。

⑪外接程序（add-ins）：用于为工程增加或删除外接程序。

⑫窗口（windows）：用于屏幕窗口的层叠、平铺等布局以及列出所有打开文档窗口。

⑬帮助（help）：帮助用户系统地学习 VB 的使用方法及程序设计方法。

（3）工具栏：工具栏可以迅速地访问常用菜单命令。VB6.0 包括标准工具栏、编辑工具栏、窗体编辑工具栏、调试工具栏等。要显示或隐藏工具栏，可以选择"视图"菜单中的"工具栏"命令或在标准工具栏处单击鼠标右键选取所需的工具栏。要了解每个工具按钮的作用，可以把鼠标指向相应的工具按钮，查看随后弹出的提示文字。

2. 工具箱

工具箱由一组工具图标组成，这些图标是开发 VB 应用程序的构件，称为图形对象或控件。工具箱主要应用于应用程序的界面设计。在设计模式下，工具箱一般出现在窗体的左侧，工具箱中的工具分为两类：一是内部控件或标准控件，默认情况下显示的是标准控件；另一类是 ActiveX 控件，通过添加"部件"使其增加到工具箱后才可以使用，如图 1-4 所示。

3. 窗体设计窗口

窗体是 VB 应用程序的主要部分，每个应用程序至少包括一个窗体。窗体设计窗口用来设计应用程序的界面，用户可以将各种控件放置在窗体中。每个窗体有一个唯一的窗体名，建立窗体时系统为每个窗体取一个默认的窗体名 FormX（X 为数字 1，2，3，…），用户可以在设计过程中修改窗体名。

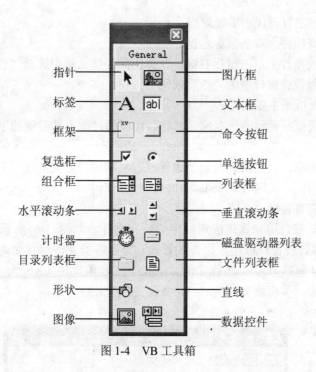

图 1-4　VB 工具箱

　　若应用程序包括多个窗体，可选择"工程"菜单下的"添加窗体"命令实现。一个窗体保存为一个扩展名为.Frm 的文件。

4. 代码编辑窗口

　　代码编辑窗口是专门用来进行代码设计的窗口，如图 1-5 所示。各种事件过程、用户自定义的过程等源程序代码的编写和修改均在此窗口中进行。

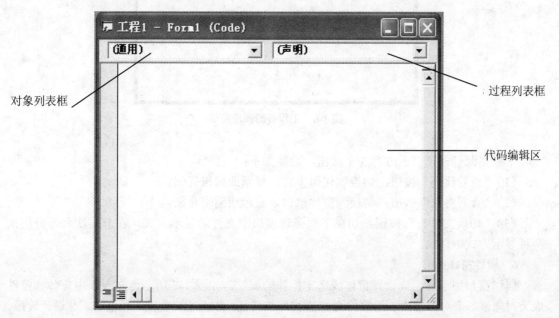

图 1-5　代码编辑窗口

可以用以下方法打开代码编辑窗口:

(1) 在窗体或控件上双击鼠标左键。

(2) 在窗体或控件上单击鼠标右键,在弹出的快捷菜单中选择"查看代码"。

(3) 单击工程管理窗口中的"查看代码"按钮。

代码窗口包含以下主要内容:

(1) 对象列表框:显示所选对象的名称。可以通过单击其右侧的下拉按钮,显示此窗体中的对象名。

(2) 过程列表框:列出所选对象的事件过程名和用户定义的过程名。

(3) 代码编辑区:此区域用来编辑和修改过程代码。

5. 工程资源管理窗口

工程资源管理窗口用来管理应用程序的所有文件,如图 1-6 所示。工程文件的扩展名为.vbp,工程资源管理窗口以层次化方式管理和显示各类文件,且允许同时打开多个工程文件。工程资源文件包括 6 类:工程文件(.vbp)、工程组文件(.vbg)、窗体文件(.frm)、标准模块文件(.bas)、类模块文件(.cls)、资源文件(.res)。

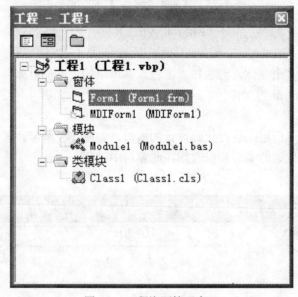

图 1-6　工程资源管理窗口

工程资源管理窗口上方有 3 个按钮,功能如下:

(1)"查看代码"按钮:切换到代码窗口,显示或编辑代码。

(2)"查看对象"按钮:切换到窗体窗口,显示或编辑对象。

(3)"切换文件夹"按钮:切换工程管理窗口中文件的显示方式,在分层次和不分层次两种显示方式中切换。

6. 属性窗口

属性窗口用于显示或设置窗体或选定控件的属性,如图 1-7 所示。在 VB 中窗体和控件成为对象,每个对象都由一组属性来描述其外部特征,如大小、位置、颜色等。在设计阶段,可以通过属性窗口设置这些属性的值。属性窗口由以下 4 个部分构成:

（1）对象列表框：列出当前窗体中的所有对象，可通过点击右侧的下拉按钮打开对象列表框供选择。

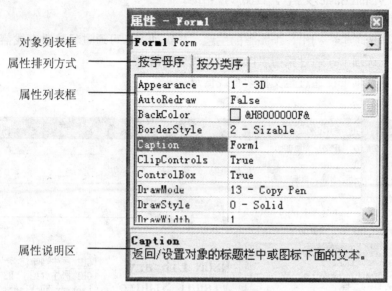

对象列表框
属性排列方式
属性列表框
属性说明区

图 1-7　属性窗口

（2）属性排列方式选项卡：有"按字母序"和"按分类序"两种方式组织各个属性。

（3）属性列表框：列出了所选对象在设计模式下可更改的属性及默认值。属性列表纵向分为两列，左边列出属性名；右边列出相应属性的值。用户可以先选择某一属性，然后对该属性进行设置或修改。

（4）属性说明区：当在属性列表框里选取某一属性时，将在属性说明区显示该属性的含义。

7. 窗体布局窗口

窗体布局窗口显示及调整程序运行时窗体在屏幕上的初始位置。当程序窗体在屏幕中显示时，把鼠标移到布局窗口中的窗体上，鼠标变成移动形状，拖动窗体到合适的位置，即完成窗体布局操作。当窗体运行时，初始位置即为拖到的位置。

1.2.4　Visual Basic 的帮助系统

学会使用 VB 的帮助系统是学习 VB 的重要组成部分。从 Visual Studio 6.0 开始，所有的帮助文件都采用全新的 MSDN（Microsoft Developer Network）文档的帮助方式。MSDN Library 中包含约 1GB 的内容，所涉及的内容包括上百个示例的代码、文档、技术文章、Microsoft 开发人员知识库等。用户可以将 MSDN Library 安装到计算机上。最新的联机版 MSDN 是免费的，用户可以从 HTTP://www.microsoft.com/china/msdn 上获取。

1. MSDN 查阅器

用户可以在安装了 MSDN Library 的计算机上的 Windows "程序"菜单下选择 "Microsoft Developer Network"子菜单，单击"MSDN Library Visual Studio 6.0(CHS)"，打开 MSDN Library

（如图 1-8 所示）；也可在 VB6.0 中，选择"帮助"菜单的"内容"或"索引"菜单项。

在 MSDN 查阅器中，左窗口以树形列表显示了 Visual Studio 6.0 产品的所有帮助信息，用户可以双击左窗口的"MSDN Library Visual Studio 6.0"或在右窗口中单击"Visual Basic"链接项，打开"Visual Basic 文档"，查阅 VB 帮助。

一般可以通过以下方法获得帮助信息：

（1）"目录"选项卡：列出一个完整的主题．分级列表，可通过目录树查找信息。

（2）"索引"选项卡：通过索引表以索引方式查找信息。

（3）"搜索"选项卡：通过全文搜索查找信息。

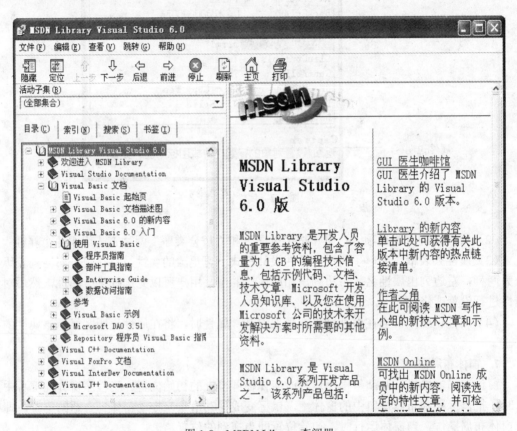

图 1-8　MSDN Library 查阅器

2. 上下文相关帮助

在 VB 的集成开发环境中，会经常使用到上下文相关的帮助，它可以根据当前活动窗口或选定的内容来直接对帮助的内容进行定位。使用方法是，选定要帮助的内容，然后按 F1 键，这时系统打开 MSDN Library 查阅器，直接显示与选定内容有关的帮助信息。

活动窗口或选定的内容可以是：

（1）Visual Basic 中的每个窗口。

（2）工具箱中的控件。

（3）窗体或文档内的对象。

（4）属性窗口中的属性。

（5）Visual Basic 关键词（例如，声明、函数、属性、方法、事件和特殊对象）。

（6）错误信息。

实践证明，用上下文相关方法获得帮助是最直接、最好的获得 VB 帮助信息的方法，因此读者应该切实掌握它。

3. 示例帮助

当对某些内容的帮助信息要加深理解时，可单击该帮助处的"示例"超链接，显示有关的代码示例，也可以将这些代码复制、粘贴到自己的代码窗口。

VB 提供了上百个实例，为学习、理解、掌握 VB 提供了很大的帮助。在 VB 6.0 中，当安装 MSDN 时，这些实例被默认安装在 \ Program Files \ Microsoft Visual Studio \ MSDN98 \ 98VS \ 2052 \ Samples \ VB98 \ 子目录中。在该子目录下，又以不同的子目录存放了许多实例工程。

用户可以打开所需的工程，运行并观察其效果，也可查看代码领会各控件的使用和编程思想。

1.3　创建 Visual Basic 应用程序的步骤

下面通过一个简单的实例来说明创建 VB 应用程序的基本过程。

例 1-1　编写一个"欢迎使用 VB 6.0。"的欢迎界面。程序要求如下：程序运行时自动将窗口的标题设为"第一个 VB 应用程序"。打开窗口后通过鼠标单击"设置文字格式"按钮将标签中的文字格式改为 32 号红色楷体。鼠标单击"退出"按钮及关闭窗口。运行界面如图 1-9 所示。

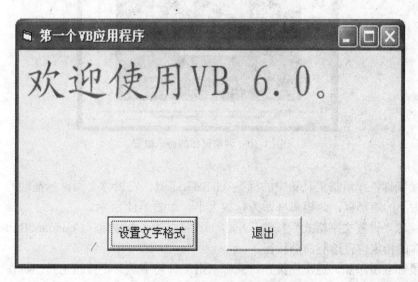

图 1-9　例 1.1 的运行界面

建立一个 VB 应用程序一般要经过如下步骤：

（1）建立用户界面。

（2）设置控件属性。

（3）编写事件过程代码。

（4）保存和生成可执行文件。

（5）运行和调试。

1.3.1 建立用户界面

创建应用程序的第一步是创建窗体。这些窗体将是应用程序界面的基础，然后在创建的窗体上绘制构成界面的其他控件。所有控件都放在窗体上（一个窗体最多可容纳 255 个控件），使用窗体设计窗口可将控件和对话框加到应用程序中，本实例的窗体上包括 1 个标签和 2 个命令按钮。

一个应用程序就是一个工程。启动 VB 6.0，在打开的"新建工程"对话框中选择应用类型为"标准 EXE"，鼠标单击"打开"按钮即打开 VB 开发环境。打开 VB 集成开发环境后系统会自动建立一个工程，同时自动在工程中建立一个窗体，如图 1-3 所示。下面在窗体中添加 1 个标签和 2 个命令按钮。

（1）调整窗体的大小和位置：通过窗体右边和下边的 3 个小方块，调整窗体的大小。在"窗体布局"窗口中选中窗体将其拖到屏幕的中间，如图 1-10 所示。运行时，该窗体即显示在屏幕的中间。

图 1-10　调整窗体的显示位置

（2）绘制标签：单击工具箱中的标签（label）工具，在窗体上用鼠标拖动的方式绘制出一个合适大小的矩形框，此矩形框即为标签大小。如图 1-11 所示。

（3）绘制"设置文字格式"按钮：单击工具箱中的命令按钮（CommandButton）工具，然后在窗体的指定位置绘制命令按钮。

（4）鼠标双击添加"退出"按钮：鼠标双击工具箱中的命令按钮工具，将在窗口的正中间添加一个默认大小的命令按钮。选中该按钮，将其拖到合适的位置。

（5）对齐两个命令按钮：选中两个命令按钮，方法有两种。方法一：选中一个命令按钮后，按住 Shift 键，鼠标单击另一个命令按钮；方法二：在窗体上画一个矩形框，将两个命令按钮包含在矩形框里（框选）。选择菜单"格式""对齐""中间对齐"，如图 1-12 所示。

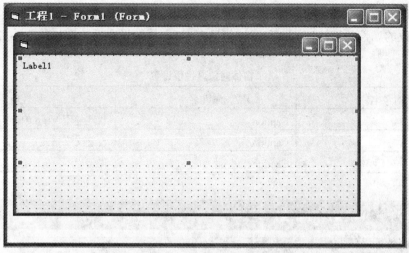

图 1-11　在窗体中添加标签控件

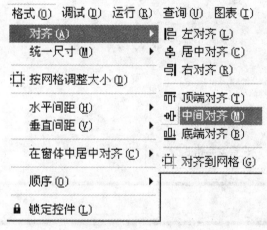

图 1-12　对齐命令按钮

1.3.2　设置控件属性

建立界面后，就可以设置控件属性了。在实际的应用设计时，也可以在创建控件的同时设置相应控件的属性。控件属性在属性窗口设置，如图 1-7 所示，若属性窗口未显示，可通过以下 4 种方法打开属性窗口：

（1）单击标准工具栏中的属性按钮。

（2）单击鼠标右键，在快捷菜单中选择"属性窗口"。

（3）选择菜单"视图"|"属性窗口"。

（4）按 F4 键。

控件在建立后开发环境已经按默认值对每个属性进行了设置。如果要修改控件的属性值，首先选中待设置属性的控件，方法有以下 2 种：

（1）在窗体中鼠标单击控件。

（2）在属性窗口的对象列表框中选择控件。

然后在属性列表框中找到需修改的属性，根据不同的属性，选择或键入相应的属性值。本例中需修改的属性的控件、属性和属性值见表 1-2，属性设置后的窗体如图 1-13 所示。

表 1-2 　　　　　　　　　　　　　　**窗体对象属性值设置**

对象名	属性名	属性值
Label1	Caption	欢迎使用 VB 6.0！
Command1	Caption	设置文字格式
Command2	Caption	退出

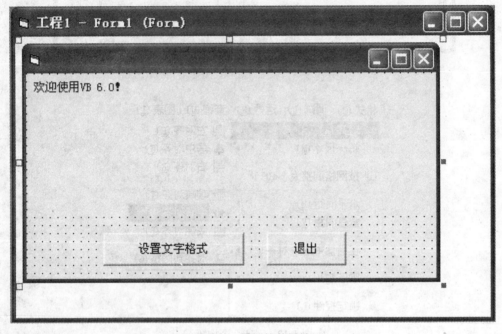

图 1-13　设置控件属性

1.3.3　编写事件过程代码

代码编辑窗口是用来编写代码的编辑器。大多数情况下，程序由事件过程组成，代码由语句、常量和声明部分组成。使用代码编辑窗口，可以快速查看和编辑应用程序代码的任何部分。可以用以下 4 种方法打开进入代码编辑窗口：

（1）双击要编写代码的窗体或控件。

（2）选择菜单"视图"|"代码窗口"。

（3）单击工程资源管理窗口中的"查看代码"按钮。

（4）按 F7 键。

下面以"设置文字格式"按钮为例说明事件过程代码的编写。在"设置文字格式"按钮上，双击鼠标左键，打开代码编辑窗口，如图 1-14 所示。此时，选中的对象为 Command1，事件为鼠标单击 Click。系统自动建立了事件过程的开头和结尾。

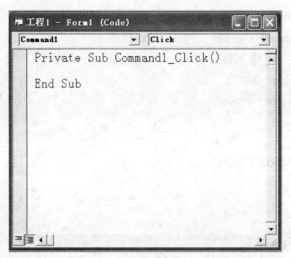

图 1-14 "设置文字格式"按钮的单击事件

Private Sub Command1_Click（）

End Sub

再在这两行代码之间输入相应的过程代码，如下：

    Label1.Font = "楷体_GB2312"

    Label1.FontSize = 32

    Label1.ForeColor = vbRed

注意：在输入代码时，键入"Label1."后会弹出上下文提示列表框，如图 1-15 所示。用户可通过鼠标单击或先通过光标定位，再按空格键或回车键从列表框中选择所需的属性名或过程名。

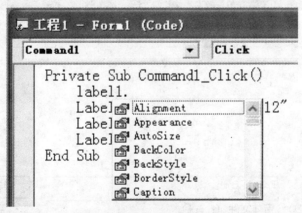

图 1-15 上下文提示列表框

采用同样的方法，完成 Command2 的 Click 事件过程和 Form 的 Load 事件过程的代码编

写。完整的代码如下所示：

```
Private Sub Command1_Click()
    Label1.Font = "楷体_GB2312"
    Label1.FontSize = 32
    Label1.ForeColor = vbRed
End Sub

Private Sub Command2_Click()
    End
End Sub

Private Sub Form_Load()
    Me.Caption = "第一个 VB 应用程序"
End Sub
```

1.3.4　保存和生成可执行文件

完成窗体设计和代码编写工作后，在运行前必须先保存。以避免由于程序编写错误而造成死机等问题，从而导致文件丢失。

1．保存文件

VB 常用的文件有工程文件（.vbp）、窗体文件（.frm）、标准模块文件（.bas）。本例中只有窗体文件和工程文件。

（1）保存窗体文件：选择菜单"文件" | "保存 Form1"或"Form1 另存为…"，打开"文件另存为"对话框，如图 1-16 所示。选择存储路径，输入窗体文件名或不改变文件名，点"保存"按钮，以"Form1.frm"为文件名保存到指定的文件夹里。

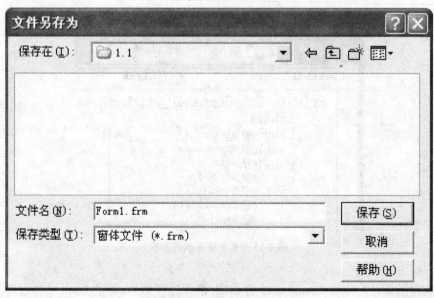

图 1-16　保存窗体文件

（2）保存工程文件：选择菜单"文件" | "保存工程"或"工程另存为…"，打开"工程另存为"对话框，选择存储路径，输入工程文件名"第一个 VB 应用程序"，点"保存"按钮，在指定的文件夹里创建"第一个 VB 应用程序.vbp"文件。

也可以单击标准工具栏里的"保存"按钮，分别保存窗体文件和工程文件。

2. 生成可执行文件

要使程序能在 Windows 环境下运行，即作为 Windows 应用程序，必须建立 VB 可执行文件（.exe）。其生成步骤如下：

（1）选择菜单"文件""生成第一个 VB 应用程序.exe…"，打开生成工程对话框。

（2）对话框中的文件名是生成的可执行文件的文件名，这里是"第一个 VB 应用程序.exe"，也可以修改为其他的文件名。

（3）单击"确定"按钮，即可生成可执行文件。

3. 生成安装包

若要使生成的可执行文件在未安装 VB 的环境下运行，还必须制作安装包。安装包里除了包含 setup.exe 文件外，还包含可能用到的其他动态链接库文件。该安装包可通过 VB 自带的专用工具"Package & Deployment 向导"来生成。

1.3.5　运行和调试

VB 应用程序运行方式有 2 种：解释方式和编译方式。

1. 解释方式执行

在 VB 集成环境中运行时，是以解释方式执行的。此时对源文件逐语句进行翻译执行。这种方式运行速度慢，适合对程序进行调试和修改。

在 VB 集成环境里，可以用以下方法执行程序：

（1）单击标准工具栏里的"启动"按钮。

（2）选择菜单"运行" | "启动"。

（3）按快捷键 F5。

2. 编译方式执行

在编译生成可执行文件后，通过 Windows 资源管理器或我的电脑，找到生成的可执行文件"第一个 VB 应用程序.exe"，鼠标双击即可启动该程序。

3. 调试程序

随着程序复杂性的增加，程序中产生错误的可能性也越来越大，调试程序是每个编程人员都必须掌握的方法。

一般将程序中的错误分为 3 类：语法错误、运行时错误、逻辑错误。

（1）语法错误。

语法错误是因为违反了 VB 的有关语法而产生的错误，一般在程序编辑和编译时由编辑器或编译器发现并提示。

（2）运行时错误。

运行时错误是指程序代码在编辑通过后，运行代码时发生的错误。主要是代码执行非法动作引起的。这类错误在程序运行时，会弹出错误信息提示框。

（3）逻辑错误。

程序运行后，得不到预期的结果，表明程序中可能存在逻辑错误。

为了更正程序中的错误，VB 提供了丰富的调试工具。主要手段有：设置断点、插入观察变量、逐语句执行等。

（1）插入断点和逐语句执行。

在代码窗口中选择怀疑存在问题的语句作为断点，当程序执行到断点所在的语句时会停下，进入中断模式。此时可以通过检查变量、属性、表达式的值等手段查看运行结果。以判断语句正确与否。

设置或取消断点方法如下：

①在代码窗口中，将光标停留在相应语句上，选择菜单"调试"|"切换断点"。

②在代码窗口中，将光标停留在相应语句上，按 F9 键。

③在代码窗口中相应语句左边单击鼠标左键。

程序进入中断模式后，将鼠标指向变量、属性可以查看变量或属性的当前值。也可以按 F8 键或选择菜单"调试"|"逐语句"逐语句执行，如图 1-17 所示。左侧圆点表示设置了断点的语句，箭头指向的是将要执行的语句。

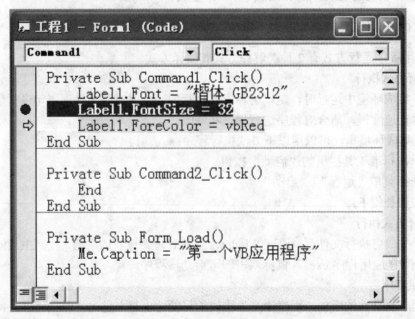

图 1-17 设置断点逐语句执行

（2）调试窗口。

在中断模式下，除了用鼠标指向观察变量的值外，还可以通过"立即"窗口、"本地"窗口和"监视"窗口观察有关变量的值。

"立即"窗口：可以在代码中加入 Debug.Print 方法，将变量、属性或表达式的值输出到立即窗口。

"本地"窗口：通过本地窗口可以实时观察到当前过程的所有变量的值。

"监视"窗口：通过菜单"调试"|"增加监视命令"设置需要监视的表达式，在运行时

可以通过监视窗口实时观察到相应表达式的值。

1.4　Visual Basic 面向对象编程基础

1.4.1　对象与类

1. 对象

对象（object）的概念是面向对象编程技术的核心。从面向对象的观点看，所有的面向对象应用程序都是由对象组合而成的。在设计应用程序时，设计者考虑的是应用程序应由哪些对象组成，对象间的关联是什么，对象间如何进行"消息"传送，如何利用"消息"的表现协调和配合，从而共同完成应用程序的任务和功能。

对象就是现实世界中某个客观存在的事物，是对客观事物属性及行为特征的描述。

在现实世界中，如果把某一台电视机看成是一个对象，用一组名词就可以描述电视机的基本特征：如 29 英寸、高彩色分辨率等，这是电视作为对象的物理特征；按操作说明对电视机进行开启、关闭、调节亮度、调节色度、接收电视信号等操作，这是对象的可执行的动作，是电视机的内部功能。而这一现实世界中的物理实体在计算机中的逻辑映射和体现，就是对象以及对象所具有的描述其特征的属性及附属于它的行为，即对象的操作（方法）和对象的响应（事件）。

对象把事物的属性和行为封装在一起，是一个动态的概念，对象是面向对象编程的基本元素，是基本的运行实体，如例 1.1 中的窗体、标签、命令按钮等都是一个一个的对象。

在面向对象程序设计中，把对象的特征称为属性，对象的行为称为方法，对象的活动称为事件，这三者构成了对象的三要素。例如，标签有字体、字号、文字颜色等属性，命令按钮有鼠标单击事件等。

2. 类

类（class）是同类对象的属性和行为特征的抽象描述。

例如，"电话"是一个抽象的名称，是整体概念，可以把"电话"看成一个类，而一部部具体的电话机，比如你家的电话或办公室的座机、朋友的手机等，就是这个类的实例，也就是这个"电话"类的具体对象。它们的外部特征虽有差异，但内部机理大同小异，功效特性是一致的。

再比如，"桌子"是一个抽象的名称，类似一个类的概念，而办公桌、学生课桌、电脑桌、会议桌、餐桌等就是"桌子"类的具体对象。这些不同名称的桌子，虽然外部特征有些差异，但却是内部机理与功效特性十分相近的一类物体。

类与对象是面向对象程序设计语言的基础。类是从相同类型的对象中抽象出来的一种数据类型，也可以说是所有具有相同数据结构、相同操作的对象的抽象。类的构成不仅包含描述对象属性的数据，还有对这些数据进行操作的事件代码，即对象的行为（或操作）。类的属性和行为是封装在一起的。类的封装性是指类的内部信息对用户是隐蔽的，仅通过可控的接口与外界交互。而属于类的某一个对象则是类的一个实体，是类的实例化的结果。

3. VB 中的类和对象

VB 系统不仅实现了类的数据抽象，而且通过抽象出相关的类的共性，而形成一般的"基类"，用户可利用类的继承性和封装性，对"基类"增添不同的特性，或完全继承派生出各种各样的对象（Visual Basic 为用户提供了相当数量的基类），完成程序设计的任务。

在 VB 中，类分为容器类和控件类两种。

（1）容器类：可以容纳其他对象，并允许访问所包含的对象。

（2）控件类：不能容纳其他对象，它没有容器类灵活。

由控件类创造的对象是不能单独使用和修改的，它只能作为容器类中的一个元素，通过容器类来创造、修改或使用。

在 VB 中，工具箱上的可视化图标是由 VB 系统设计的标准控件类，例如，命令按钮类、标签类等。通过将控件类实例化，可以得到真正的控件对象，也就是当在窗体中创建一个控件时，就将类实例化为对象，即创建了一个控件对象，简称为控件。

除了通过利用控件类产生对象外，VB 还提供了系统对象，例如，打印机（printer）、剪贴板（clipboard）、屏幕（screen）、应用程序（app）等。

窗体是一个特例，它既是类也是对象。当向一个工程添加一个新窗体时，实际上就由窗体类创建了一个窗体对象。

每个对象都有自己的名字。每个窗体、控件对象在建立时 VB 系统都会给出一个默认名。用户可通过属性窗口设置"名称"属性来给对象命名。

对象的命名原则为：

（1）必须由字母或汉字开头，随后可以是字母、汉字、数字和下画线（最好不用）串组成。

（2）长度不超过 255 个字符。

1.4.2 对象的属性、事件与方法

每个控件对象都有自己的属性、事件和方法。

1. 属性

对象中的数据就保存在属性中，所有对象都有各自的属性。它们是用来描述和反映对象特征的参数。例如控件名称(name)、标题(caption)、颜色(color)和字体(fontname)等属性决定了对象展现给用户的界面具有什么样的外观及功能。

可以通过以下两种方法设置对象的属性。

方法一：在设计模式下，通过属性窗口直接设置对象的属性。

方法二：在程序的代码中通过赋值实现。其格式为：

　　　对象名.属性名=属性值

　　　例如，要将对象名为 Label1 的标签设置字体为"楷体"，则将 Label1 的 Font 属性赋值为"楷体_GB2312"，其在程序代码中的书写格式为：

　　　Label1.Font = "楷体_GB2312"

2. 事件、事件过程

（1）事件。

对于对象而言，事件就是发生在该对象上的行为。每个对象都有一系列预先定义好的对象事件，如鼠标单击（click）、双击（dblclick）和改变（change）等。对象与系统之间、对象与程序之间的通信都是通过事件来进行的。

（2）事件过程。

当在对象上发生了事件后，应用程序就要处理这个事件，而处理的步骤就是事件过程。

VB 程序执行后系统就等待某个事件的发生，然后去执行处理此事件的事件过程，待事件过程执行完后，系统又处于等待某事件发生的状态，这就是事件驱动程序设计方式。

事件过程的形式如下：

Sub 对象名_事件名[(参数列表)]

　　…（事件过程代码）

End Sub

其中各参数的含义如下：

①对象名：对象的 Name 属性，一般用控件的默认名称。

②事件名：VB 预先定义好的赋予对象的事件，并能被该对象识别。

③参数列表：一般无，个别事件带有参数。

④事件过程代码：用来指定处理该事件的程序。

例如，单击名为 Command2 的命令按钮，从而结束应用程序，对应的事件过程如下：

Private Sub Command2_Click ()

　　End

End Sub

3. 方法

方法是附属于对象的行为和动作，是面向对象程序设计语言为编程者提供的用来完成特定操作的过程和函数。在 VB 中已将一些通用的过程和函数编写好程序并封装起来，作为方法供用户直接调用，这样可大大加快程序开发的速度。由于方法是面向对象的，所以在调用时一定要指明对象。

对象方法调用形式：

[对象名]. 方法 [参数列表]

如省略对象名，表示为当前对象，一般指窗体。例如：

　　Form1.Print "欢迎使用 VB 6.0！"

此语句使用 Form1 对象的 Print 方法，显示"欢迎使用 VB 6.0！"，即在窗体上显示"欢迎使用 VB 6.0！"。

1.5　窗体、标签和命令按钮

为了后面编程的方便，本节简要介绍窗体和最基本控件的使用。

1.5.1　通用属性

每个控件的外观是由一系列属性来决定的。例如控件的大小、颜色、位置、名称等，不同的控件有不同的属性，也有相同的属性。通用属性表示大部分控件具有的属性。系统为每个属性提供了默认的属性值、在属性窗口中可以看到所选对象的属性设置。

下面仅列出最常见的通用属性。

（1）Name 属性：所有的对象都具有的属性，是所创建对象的名称。控件在创建时都由 VB 自动提供一个名称，例如，Label1、Command1、Command2 等，也可根据需要更改对象名称。在应用程序中，对象名称的作用是作为对象的标识在程序中引用，不会显示在窗体上。

（2）Caption 属性：决定了控件上显示的文本内容。

（3）Height、Width、Top 和 Left 属性：决定了控件的大小和位置，默认单位为 Twip，其中 Top 表示控件到窗体顶部的距离，Left 表示控件到窗体左边框的距离。对于窗体，Top 表示窗体到屏幕顶部的距离，Left 表示窗体到屏幕左边的距离。

1Twip=1/20 点=1/1440 英寸=1/567cm

例如，在窗体上建一个命令按钮控件，在属性窗口中设置其 Top、Left、Height 和 Width 的值，决定了命令按钮的大小和位置，效果如图 1-18 所示。

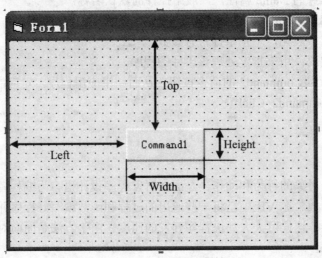

图 1-18　位置和大小属性

例 1-2　编程实现：在窗体加载时，将其大小设为屏幕的一半，并且显示在屏幕正中。

在窗体的 Load 事件中输入如下代码：

```
Private Sub Form_Load()
    Form1.Width = Screen.Width * 0.5
    Form1.Height = Screen.Height * 0.5
    Form1.Top = (Screen.Height - Form1.Height) / 2
    Form1.Left = (Screen.Width - Form1.Width) / 2
End Sub
```

其中 Screen 表示屏幕对象。

（4）Font 属性：改变文字的格式。其中：

FontName（字体）属性是字符型，其值为字体名称。

FontSize（字体大小）属性是整型。

Font Bold（是否为粗体）属性是逻辑型。

FontStrikethru（是否有删除线）属性为逻辑型。

FontUnderline（是否有下画线）属性为逻辑型。

FontItalic（是否为斜体）属性为逻辑型。

（5）Enabled 属性：决定控件是否可用。True：允许用户进行操作，并对操作作出响应；

False：禁止用户进行操作，呈灰色。

（6）Visible 属性：决定控件是否可见。True：程序运行时控件可见；False：程序运行时控件隐藏，用户看不到，但控件本身存在。

（7）ForeColor、BackColor 属性：前景颜色（即正文颜色），背景正文以外显示区域的颜色。其值是一个十六进制常数，用户可以在调色板中直接选择所需颜色。

（8）MousePointer、MouseIcon 属性：前者表示鼠标指针的类型，设置值的范围为 0～15，值若为 99 表示用户自定义鼠标图标；MouseIcon 当设置自定义的鼠标图标时显示的图标。

（9）控件默认属性：VB 中把反映某个控件最重要的属性称为该控件的默认属性。所谓默认属性是在程序运行时，不必指明属性名而可改变其值的那个属性。表 1-3 列出了常用控件的默认属性。

表 1-3　　　　　　　　　　　　常用控件的默认属性

控件	默认属性	控件	默认属性
文本框	Text	标签	Caption
命令按钮	Default	图形、图像框	Picture
单选按钮	Value	复选框	Value

例如，有控件名为 Text1 的文本框，若要引用或改变其 Text 的属性值可以用 Text1.Text 也可以用 Text1，两者等价。

Text1.Text=…

Text=…

以上介绍了最常用的、具有共性的属性，其他属性将在以后介绍有关控件时介绍，读者也可通过"帮助"菜单查阅。

1.5.2　窗体

用 VB 创建应用程序的第一步就是创建用户界面。窗体就像一块"画布"，是所有控件的容器，用户可以根据自己的需要，利用工具箱上的控件在"画布"上"画"界面。

1. 主要属性

窗体属性决定了窗体的外观和操作。VB 窗体在默认的设置下具有控制菜单、最大化按钮、最小化按钮、关闭按钮以及边框等。窗体的主要属性，既可以通过属性窗口设置，也可以在程序中设置，而只有少量属性只能在设计状态设置，或只能在窗体运行期间设置。

（1）Caption 属性：窗体标题栏显示的内容。

（2）MaxButton、MinButton 最大、最小化按钮属性：值为 True，窗体右上角有最大化（或最小化）按钮；否则，无最大化（或最小化）按钮。

（3）Icon 图标和 ControlBox 控制菜单框属性：一般取默认值。ControlBox 属性若为 False，则无控制菜单框，这时系统将 MaxButton 和 MinButton 自动设置为 False。

（4）Picture 属性：设置窗体中要显示的图片，在对话框中选择需要的图片文件。

（5）BorderStyle 属性：边框类型。其取值范围如下，默认值为 2。

0　　None：窗体无边框，无法移动及改变大小。

1   Fixed Single：窗体为单线边框，可移动，不可以改变大小。

2   Sizable：窗体为双线边框，可移动并可以改变大小。

3   Fixed Dialog：窗体为固定对话框，不可改变大小。

4   Fixed ToolWindow：窗体外观与工具条相似，有关闭按钮，不能改变大小。

5   Sizable ToolWindow：窗体外观与工具条相似，有关闭按钮，能改变大小。

该属性在运行时只读。当 BorderStyle 设置为除 2 以外的值时，系统自动将 MinButton 和 MaxButton 的属性值设置为 False。

（6）WindowsState 属性：表示窗体执行时以什么状态显示。其取值范围如下：

0   Normal：正常窗口状态，有窗口边界。

1   Minimized：最小化状态，以图标方式运行。

2   Maximized：最大化状态，无边框，充满整个屏幕。

2．常用事件

窗体的事件较多，最常用的事件有 Click、DblClick、Load 和 Resize 等。

（1）Click 和 DblClick 事件：由鼠标单击和双击触发。

（2）Resize 事件：在改变窗体大小时触发。

（3）Load 事件：在窗体被装入工作区时触发的事件。当打开窗体时，会自动执行该事件，该事件通常用来在打开窗体时对属性和变量进行初始化。

（4）Unload 事件：卸载窗体时触发该事件。

在传统的程序设计中，一个应用程序结构一般按照变量说明、变量赋初值、功能处理、输出结果这样的线性控制流进行。而在 VB 中，以事件驱动的执行方式，程序的"头"就是启动窗体的 Load 事件（若无 Initialize 事件），程序的"尾"就是 End 语句所在的事件过程（若没有 End 语句，程序一直处于执行状态，直到用户按"停止"按钮，强行停止执行）。

3．常用方法

窗体上常用的方法有 Print、Cls、Move、Show、Hide 等。

（1）Print 方法。

格式：[对象.]Print [{Spc(n)|Tab(n)}][表达式列表][;|,]

功能：在对象上显示文本内容

参数说明如下：

对象：窗体、图像框或打印机（Printer），省略对象表示在窗体上输出。

Spc(n)函数：输出 n 个空格，允许重复使用。

Tab(n)函数：将指定的表达式的值从第 n 列开始输出，允许重复使用。

；（分号）：光标定位在上一个输出位置的后面。

，（逗号）：光标定位在下一个打印区的开始位置。每个打印区占 14 列。

既无分号又无逗号：换到下一行输出。

例 1-3 在窗体的单击事件输入如下代码，观察运行后的效果。

```
Private Sub Form_Click()
    a = "abc": b = 3.14: c = #10/1/2009#
    Print "12345678901234567890123456789012345678 90"
    Print "a="; a, "b="; b, "c="; c
    Print "a="; a; "b="; b; "c="; c
```

```
        Print
        Print "a="; a; Spc(5); "b="; b; Spc(5); "c="; c
        Print "a="; a; Tab(11); "b="; b; Tab(24); "c="; c
End Sub
```

运行后在窗体上单击鼠标，结果如图 1-19 所示。

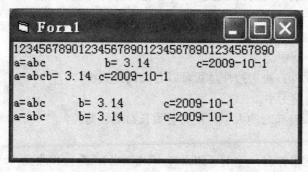

图 1-19　例 1-3 运行后在窗体上单击鼠标

（2）Cls 方法。

格式：[对象.]Cls

功能：清除窗体上或图片框在运行时由 Print 方法显示的文本或用绘图方法所产生的图形。

注意：省略对象默认为窗体；Cls 方法不能清除设计时加入的文本或图形；清屏后当前坐标回到原点。

（3）Move 方法。

格式：[对象.]Move left[,top[,width[,height]]]

功能：用来移动窗体或控件对象的位置，也可改变对象的大小。

（4）Show 方法：在屏幕上显示一个窗体。调用结果与将窗体的 Visible 属性设为 True 时具有相同的功能。

（5）Hide 方法：隐藏指定的窗体。调用结果与将窗体的 Visible 属性设为 False 时具有相同的功能。

1.5.3　标签控件

标签（label）主要是用来显示文本信息，而不能输入信息。标签控件的内容只能用 Caption 属性来设置或修改，不能直接编辑。

1. 主要属性

标签最主要的属性有：Caption、Font、Left、Top、BorderStyle、BackStyle、Alignment、AutoSize、WordWarp 等。

（1）Caption 属性：Label 中显示的文本。Caption 属性允许文本长度最多为 1024 字节。默认情况下，当文本超过控件宽度时，文本会自动换行，而当文本超过控件的高度时，超出部分将被剪裁掉。

（2）BackStyle 属性：背景样式。其取值范围如下：

0（transparent）——透明显示，若控件后面有其他控件均可透明显示出来。

1（opaque）——不透明，此时可为控件设置背景颜色。

（3）BorderStyle 属性：边框样式。其取值范围如下：

0（none）——控件周围没有边框。

1（fixedSingle）——控件带有单边框。

（4）Alignment 属性：控件上标题（caption）对齐方式，其中：

0（leftJustify）——左对齐。

1（rightJustify）——右对齐。

2（center）——居中。

（5）AutoSize 属性：决定控件是否可以自动调整大小。

True——自动调整大小。

False——保持原设计时的大小，正文若太长自动裁剪掉。

2. 事件

标签经常响应的事件有：单击（click），双击（dblclick）和改变（change）。但实际上标签仅起到在窗体上显示文字的作用，因此，一般不需编写事件过程。

1.5.4　命令按钮

在 VB 应用程序中，命令按钮的应用十分广泛。在程序运行期间，当用户选择某个命令按钮就会发生相应的事件过程。

1. 主要属性

（1）Caption 属性：按钮上显示的文字。如果某个字母前加入"&"，则程序运行时标题中的该字母带有下画线，带有下画线的字母就成为该按钮的快捷键；若用户按下 Alt+该快捷键，便可激活并操作该按钮。例如，在对某个按钮设置其 Caption 属性时输入&OK；程序运行时就会显示 OK，当用户按下 Alt+O 快捷键时便可激活并操作 OK 按钮。

（2）Style 属性：表示按钮样式，通常有两种：

0　Standard：（默认）标准的，按钮上不能显示图形。

1　Graphical：图形的，按钮上可以显示图形的样式，也能显示文字。

（3）Default 属性：确认功能（逻辑值），当设为 True 时，程序运行时按 Enter 键相当于用鼠标单击该按钮。

注意：在一个窗体中只能有一个按钮的 Default 属性设置为 True。

（4）Cancel 属性：取消功能（逻辑值），当设置为 True 时，程序运行时按 Esc 键与用鼠标单击此命令按钮的效果相同。

注意：在一个窗体中只能有一个按钮的 Cancel 属性设置为 True。

（5）Value 属性：检查该按钮是否按下（逻辑值）。该属性在设计时无效。

（6）Picture 属性：按钮上显示的图片文件(.bmp 和.ico)，只有当 Style 属性值设为 1 时才有效。

（7）ToolTipText 属性：设置工具提示。当运行或设计时，只需将该项属性设置为需要的提示行文本。程序运行只要把光标移到图标按钮上，停留片刻，在这个图标按钮的下方就显示提示行文本内容。

2. 常用事件

对命令按钮控件来说，Click 事件是最重要的事件方式。鼠标左键单击命令按钮时，激活 Click 事件。

3. 常用方法

与命令按钮有关的常用方法主要有如下两种：

（1）Move：该方法的作用与窗体中的 Move 方法一样。VB 系统中的所有可视控件都有该方法，控件的移动是相对"容器"对象而言的。

（2）Setfocus：该方法设置指定的命令按钮获得焦点。一旦使用 SetFocus 方法，用户的输入将立即被引导到成为焦点的按钮上。

第 2 章 顺序结构程序设计

2.1 基本概念及语法

2.1.1 数据类型

数据是程序处理的对象，不同类型的数据有不同的处理方法。数据类型用于确定一个变量所具有的值在计算机内的存储方式，以及对变量可以进行何种操作。数据可以依照类型进行分类， Visual Basic 的数据类型有两类：基本数据类型和用户自定义数据类型。基本数据类型是由 Visual Basic 直接提供的，用户直接使用而不必事先说明；在程序设计中觉得基本数据类型不能满足需要时，用户可以自己定义数据类型，但必须先按照语法规则定义，然后才能使用。

Visual Basic 6.0 提供的基本数据类型主要有 11 种，如表 2-1 所示。

表 2-1   **Visual Basic 的标准数据类型**

数据类型		关键字	类型说明符	所占字节数	取值范围
整型		Integer	%	2	−32767到+32767，小数部分四舍五入
长整型		Long	&	4	−2147463648到+2147463647，小数部分四舍五入
字节型		Byte	无	1	0到255
单精度型		Single	!	4	负数：−3.402823E38到−1.401298E−45 正数：1.401298E−45到3.402823E38
双精度型		Double	#	8	负数：−1.79769313486232D308到−4.94065645841247D−324 正数：4.94065645841247D−324到1.79769313486232D308
字符型	变长	String	$	字符串长	0到 约20亿字节
	定长	String*size	$	字符串长度size	1到 65535字节（64KB）
日期型		Date	无	8	100.1.1到9999.12.31
逻辑型		Boolean	无	2	True和False
货币型		Currency	@	8	−922337203685477.5808到922337203685477.5807
变体型	数值	Variant	无	16	任何数值，最大可达Double的范围
	字符	Variant	无	字符串长	与变长度字符串有相同的范围
对象型		Object	无	4	可供任何对象引用

表 2-1 中的 11 种数据类型又被归为 6 大类，分别是：数值型、字符串型、逻辑型、日期型、对象型和变体型。

1. 数值型

表 2-1 中的 Integer、Long、Byte、Single、Double、Currency 都属于数值型。根据其数值又分为整型数和实型数。

（1）整型。

整型（Integer）和长整型（Long）这两个类型的数值都是用于保存带有符号的、不带小数点和指数符号的整数，初值为 0。它们运算速度快，精确度高，但是表示的数的范围比较小。

整型数据类型由数字和正负符号组成，不带小数点，可以在数据后面加尾符[%]来表示整型数据。如：180，-388，92%。

长整型数据类型也由数字和正负符号组成，不带小数点，可以在数据后面加尾符[&]来表示长整型数据。如：32487681，-625632789，3434&。

整型数不仅可以表示十进制数，还可以表示十六进制数或八进制数。

①表示十六进制时表示方法：在 Integer 数值前加[&H]，后接 1～4 位数字，如：&HFAFF，&FA；在 Long 数值前加[&H]，后接 1～6 位数字，并且还要在数值后加[&]，如：&HFEEFFFF&。

②表示八进制时表示方法：在 Integer 数值前加[&0]或[&]，后接的数值范围为&0～&177777，如：&0312，&32455；在 Long 数值前加[&0]或[&]，后接的数值范围为&0～37777777777&，并且还要在数值后加[&]，如：&0172828888&。

字节型（Byte）数据类型用于表示 0～255 之间的正整数。除了可以保存数值外，其主要用途是用来保存声音、图像和动画等二进制数据，便于与其他 DLL 或 OLEAutomation 对象联系。

（2）实型。

实型数包括单精度实型（Single）、双精度实型（Double）和货币型（Currency）3 种。在 Visual Basic 中，单精度实型和双精度实型都有定点表示法和浮点表示法。

①定点表示法。这是我们日常使用的计数方法，小数点的位置是固定的。

单精度实型数据最多可以表示 7 位有效数字，精确度为 6 位，可以在数值后面加[!]。如：234!，43256.32！。

双精度实型数据最多可以表示 15 位有效数字，精确度为 14 位，可在数值后面加[#]。如：32424.234#。

②浮点表示法。浮点数通常是用科学计数法来表示，单精度实型数用字母E表示底数10，双精度实型数用字母D表示底数10。浮点数的表示由3部分组成：尾数部分、字母E或D、指数部分。尾数部分既可以是整数，也可以是小数；指数部分是带正负号的不超过3位的整数。如：43.324E-3，-2.832D16。这种表示法的小数点位置是不固定的，但是在输入时，无论将小数点放在何处，VB都会自动将它转化成尾数的整数部分为1位有效数字的形式。

货币型数据是精确的定点整数或实数类型，用于货币计算。它的整数部分最多有 15 位数据，小数部分最多有 4 位数据，在数值后面加[@]表示。如：67.2543@，924.47@。

2. 字符串型

字符串是由一对双引号括起来的字符（不含双引号、回车符和换行符）集合。如果一对双引号对不包含任何字符，则称为空字符串或空串。字符串默认的初值为空串。字符串内的汉字属于一个字符，但是还是占两个字节的存储空间。如果字符串内有双引号，可用连续的两个双引号""""表示字符串中的"。如："北京奥运会"，"北京"，"中国"，"NOKIA 手机"等。

字符串数据分为定长字符串和变长字符串两种。

（1）定长字符串。

它的长度是固定的。字符串最多容纳 64K 个字符。例如定义变量 str 为 30 个字符长的字符型变量的方法为：Dim str As String*30。程序中如果字符串变量 str 的字符少于 30，则自动在右边补空格；若多于 30，则多余部分自动被截。

（2）变长字符串。

它的长度是可变的，其在计算机中的存储空间也是根据字符串的实际长度的变化而变化。变长字符串最多可容纳 20 亿个字符。例如定义变量 str 为字符串型变量的方法为：Dim str As String。

3. 逻辑型

这类数据的数值是真（true）、假（false）中之一，分别表示条件成立或不成立，所以通常逻辑型数据常作为程序的转向选择条件，以控制程序的流程。默认的初值为 False。

4. 日期型

日期型数据可以表示日期和时间，占用 8 个字节。

表示日期：范围是 100 年 1 月 1 日到 9999 年 12 月 31 日，表示为 01-01-100——12-31-9999。

表示时间：范围是 00 点 00 分 00 秒到 23 点 59 分 59 秒，表示为 00:00:00——23:59:59。默认的初值是 00:00:00。

日期型数据有两种表示方法：一般表示法和序号表示法。

（1）一般表示法。

在表示时间日期的字符前后用[#]括起来。例如：#8-8-2008#，#2008-8-8 20:08:08PM#，#7 Dec#等。在日期类型的数据中，无论按照何种顺序输入年、月、日的顺序，日期之间的分隔符无论是空格还是短横线，月份是数字还是英文表示，系统都会自动将其转换成由数字表示的"月/日/年"的格式。如果日期型数据不包括时间，则 VB 自动将其设为午夜 0 点；如果不包括日期，则 VB 自动将日期设为 1899 年 12 月 30 日。

（2）序号表示法。

是用数值表示日期，数值的整数部分表示距离 1899 年 12 月 30 日的天数，小数部分表示时间，0 为午夜，0.5 为正午 12 点。VB 以 1899 年 12 月 30 日为基准日期，那么负数就表示在此之前的日期，正数表示在此之后的日期。

5. 对象型

对象（object）变量作为 32 位（4 个字节）地址来存储，该地址可引用应用程序中的对象。随后可以用 Set 语句指定一个被声明为 Object 的变量，去引用程序所识别的任何实际对象。默认的初值为 Nothing（无指向）。例如：

Dim objDb As Object

Set objDb = OpenDatabase ("c:\Vb6\Biblio.mdb")

6. 变体型

Variant 变量能够存储所有系统定义类型的数据。如果把它们赋予 Variant 变量，则不必在这些数据的类型间进行转换；VB 会自动完成任何必要的转换。例如：

Dim SomeValue	'缺省为 Variant。
SomeValue = "17"	'SomeValue 包含 "17"（双字符的串）。
SomeValue = SomeValue - 15	'现在， SomeValue 包含数值 2。
SomeValue = "U" & SomeValue	'现在， SomeValue 包含 "U2"（双字符的串）。

变体型数据可以自定义为一种相应的数据类型，包括数值型、日期型、对象型或字符型的数据。所有未定义的变量的默认数据类型都是变体数据类型。此外，Variant 类型的变量还可以包含下面 4 种特殊的数据。

（1）Empty（空）：未赋值，表示未指定确定的数据。

（2）Null（无效）：说明变量不包含有效字符。通常用于数据库应用程序，表示未知数据或丢失的数据。由于在数据库中使用 Null 方法，Null 具有某些唯一的特性。

（3）Error（出错）：是特定值，指出已发生的过程中的错误状态。但是，与其他类型错误不同，这里并未发生正常的应用程序级的错误处理。

（4）Nothing（无指向）：表示数据还没有指向一个具体对象。

在使用过程中，可以使用 VarTyoe 函数来检测变体变量中保存的数值是什么类型。

2.1.2　常量与变量

1. 常量

常量是指在程序运行过程中其值保持不变的量。Visual Basic 中常量分为直接常量和符号常量两种。

（1）直接常量。

直接常量就是在程序中，以直接明显的形式给出数据本身的数值。根据常量的数据类型和 VB 的数据类型，直接常量又分数值常量、字符串常量、逻辑常量和日期常量。例如：397，323.897，2.9E-3，"成功举办北京奥运会"，Ture，#2008-09-10 16:40:34#，等等。

（2）符号常量。

如果直接常量在程序中多次重复出现，需要多次输入，这样既费力又容易出错。因此可以在程序中定义一个符号来代替这个数值，这个符号就是符号常量。

定义符号常量的方法有 3 种：

①过程级符号常量。过程级符号常量只能在所定义的过程内起作用。声明的语法格式为：

Const　<常量名>　[<类型说明符>|　As <类型说明词 >] = 表达式

其中：

Const、As：语句关键字；

常量名：遵循变量命名的规则；

类型说明符 | As 类型说明词：遵循表 2-1 中的类型；

表达式：可以使用算术运算符和逻辑运算符，但不允许使用变量和函数。

例如：Const aa As Single = 360

②模块级符号常量。模块级符号常量必须在模块的声明段中声明，声明了的符号常量可以在该模块的所有过程中使用。语法格式为：

Private Const　<常量名>　[<类型说明符>|　As <类型说明词 >] = 表达式

例如：Private Const bb As Single =57.2

③全局符号常量。全局符号常量只能在标准模块的声明段中声明，而不允许在窗体模块中声明，但在该程序的所有模块中都可直接使用。语法格式为：

Public Const　<常量名>　[<类型说明符>|　As <类型说明词 >] = 表达式

例如：Public　Const cc As Single = 735.56

2. 变量

在程序运行过程中值可以改变的量叫变量，它用于存储程序运行时的临时数据，在内存中占用一定的字节空间。变量必须先按照命名规则定义，然后才能使用。

（1）变量的命名规则。

①以字母开头，其后可接字母、数字或下画线，但是不能有标点符号，并且 VB 的关键字不能做为变量名使用。

②变量名的长度不能超过 255 个字符。例如：bjdm，jinedaxie，yx33_xx，文本内容，student_name 等都属于合法的变量名。

（2）变量的声明格式：

Dim | Static | Private | Public <变量名> [<类型说明符>|　As <类型说明词>]　[，<变量名>] [<类型说明符>　|　As<类型说明词>]

其中：

Dim：关键字，声明为过程级动态变量或模块级变量。

Static：关键字，声明为过程级静态变量。

Private：关键字，声明为模块级变量。

Public：关键字，声明为全局（项目级）变量。

类型说明符、类型说明词：表 2.1 中的数据类型。

例如：Dim sum as Integer　　　　　　'声明 sum 为整型变量

3. 变量的作用域

声明了一个变量，那么这个变量就有了被识别以及作用的范围，这个起作用的范围就是变量的作用域，作用域可以是一个模块，也可以是整个项目，这取决于变量声明的方式，如表 2-2 所示。

表 2-2　　　　　　　　　　　　　　变量的作用域及其声明方式

变量的作用域	过程级变量	模块级变量	项目级变量
声明方式	Dim，Static	Dim，Private	Public
变量的声明位置	过程中	模块的声明段中	模块的声明段中
被本模块中的其他过程访问	不能	能	能
被其他模块访问	不能	不能	能

（1）过程级变量。

过程级变量是只在声明它们的过程内被识别和使用的变量，因此也称为局部变量。例如，在某模块内有 btCmd1_Click、btCmd2_Click 两个过程：

Private Sub btCmd1_Click ()

```
        Dim temp As Integer
        Static sum    As Integer
……
        sum = sum + temp
……
End Sub
Private Sub btCmd2_Click()
        Dim dg As Currency
……
  End Sub
```

这里，sum 和 temp 这两个变量只能在过程 btCmd1_Click 中使用，在过程 btCmd2_Click 中不起作用；同样，变量 dg 在过程 btCmd1_Click 中也不起作用。要说明的是，用 Static 声明的局部变量 sum 是静态局部变量，在离开变量所在的过程 btCmd1_Click 时能够保留其值；用 Dim 声明的局部变量 temp 和 dg 是动态局部变量，它们一旦离开声明它们的过程，其值即被清除。

（2）模块级变量。

模块是指与一个窗体有关的全部事件过程。模块级变量是在整个模块内都起作用的变量，声明的位置是在该模块的顶部声明段，用 Private 或 Dim 关键字声明。例如：

```
Public Class gyjclsForm
  Private sy    As String
  Private flen As Long
  Private Sub Form_Load()
……
  End Sub
  Private Sub btCmd1_Click()
  Dim flag As Boolean
……
  End Sub
  Private Sub btCmd2_Click()
……
  End Sub
```

这里，变量 sy 和 flen 是模块级变量，它们在模块 gyjclsForm 的整个范围内都起作用，也就是说，能够在过程 Form_Load、QdCmd1_Click 和 btCmd2_Click 中无需再声明就能直接使用；变量 flag 是一个过程级变量，它只能在过程 btCmd1_Click 中使用。

（3）项目级变量。

项目级变量是在整个项目内都可以使用的变量，也就是说，项目级变量在整个项目内都起作用。声明项目级变量必须在主模块的顶部声明段用 Public 声明，项目级变量又被称为全局变量。例如：

```
Module gdjxm
Public UserId As String
```

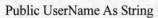

Public UserName As String

……

这里，UserId 和 UserName 都是项目级变量，它们能用于项目的所有模块中。

4. 变体型变量

变体型（Variant）变量是在声明变量时指明类型为 Variant 的变量。如果声明变量时不声明变量的类型，则该变量被默认为是变体变量 Variant。例如：

Dim var 　　　　或　　　　　　　Dim var As Variant

这里，变量 var 是变体型变量。它在不同场合代表不同的数据类型，若赋值为数值型数据则为数值型；若赋值为字符型数据，它又被转换成字符型，它能够存储所有系统已定义的标准类型的数据，所以变体型变量可以使程序设计人员不必在数据类型之间进行转换，VB会自动完成各种数据类型转换。此外，变体型变量需要占用更多的内存空间，如变体型变量存放数值型数据时占用 16 字节的内存空间；而存放字符串时，除字符串长度外还要额外占用22 个字节。因此，在程序设计中应避免使用变体型变量。

2.1.3 表达式与运算符

用运算符和圆括号，将常量、变量、函数按照一定的语法规则连接起来构成有意义的式子称为表达式。根据运算符功能的不同，将 VB 的运算符划分为 5 类：算术运算符、关系运算符、逻辑运算符、字符串运算符和日期时间运算符；根据运算符以及表达式的数值类型可以将表达式分为算术表达式、关系表达式、逻辑表达式、字符串表达式和日期表达式。

1. 算术运算符和算术表达式

算术运算符用于完成算术运算，其种类及运算规则如表 2-3 所示。

表 2-3 算术运算符种类及举例

运算符	说明	运算优先级	举例	运算结果
^	乘幂	1	-3^2	-9
$-$	取相反数	2	-1	-1
*	乘	3	40*2	80
/	浮点除法		17.3/3	5.76666666666667
\	整数除法	4	17.3\3	5
Mod	取余（取模）	5	17.3 Mod 3	2
+	加	6	5+3	8
$-$	减		10$-$3	7

说明：表中[\ ]是整除运算符，其值为两数四舍五入之后相除所得商的整数部分；[Mod]是取余（或模）运算符，其值为两数四舍五入之后相除所得的余数，并为整型数数值。

算术表达式是通过算术运算符将数值常量、数值型变量、数值型函数连接起来完成算术运算的式子，算术表达式的运算结果为数值型。

例如：a*b+c*d-（d/e）

2. 关系运算符和关系表达式

关系运算符又称比较运算符，是进行比较运算所使用的运算符，其结果为逻辑型。即关系成立取真值（true），否则取假值（false）。其种类如表 2-4 所示。

表 2-4　　　　　　　　　　　　　　　　关系运算符种类及举例

运算符	说明	运算优先级	表达式举例	x取值为3时的结果
=	等于	优先级相同运算	x=2	False
<>或><	不等于		x<>5	True
>	大于		x>9	False
<	小于		x<8	True
>=	大于等于		x>=6	False
<=	小于等于		x<=7	True
Like	字符串匹配		"计划预订" Like "预订"	True

说明：

（1）对于数值型数据，按其数值的大小进行比较；对于字符串型数据，从左到右依次按其每个字符的 ASCII 码值的大小进行比较，如果对应字符的 ASCII 码值相同，则继续比较下一个字符，如此继续，直到遇到第一个不相等的字符为止。

（2）Like 运算符是用来比较字符串表达式和 SQL 表达式中的样式，主要用于数据库模糊查询。具体用法在第 10 章讲述。

关系表达式是通过关系运算符将数值型、字符型、日期时间型常量、变量、函数及其表达式连接起来构成的式子。用于完成比较运算，如果关系成立，其结果取逻辑值真（True）；否则，取逻辑值假（False）。

例如：a+b>c

3. 逻辑运算符和逻辑表达式

逻辑运算符是进行逻辑运算所使用的运算符，用于逻辑量间的运算，其结果仍为逻辑型，即 True 或 False。其运算种类和举例如表 2-5 所示。

表 2-5　　　　　　　　　　　　　　　　逻辑运算符种类及运算规则

运算符	说明	运算优先级	运 算 规 则
Not	逻辑非	1	将原逻辑值取反
And	逻辑与	2	两个数值均为True时，计算结果才为True
Or	逻辑或	3	两个数值中只要有一个为True，计算结果就为True
Xor	逻辑异或	4	两个数值相同时，计算结果为False；否则为True
Eqv	等价	5	两个数值相同时，计算结果为True，否则为Flase
Imp	蕴含	6	左边的数为True，右边的数为False时，计算结果为True；其余情况，计算结果为False

说明：

（1）逻辑运算符的运算优先级低于算术、字符、关系运算符。

（2）如果逻辑运算符对数值进行运算，则以数字的二进制值逐位进行逻辑运算。And 运算常用于屏蔽某些位；如：12 And 7 表示对 1100 与 0111 进行 And 运算，得到二进制值 100，结果为十进制 4。

（3）对一个数连续进行两次 Xor 操作，可恢复原值。在动画设计中，用 Xor 可恢复原来的背景。

逻辑表达式是用逻辑运算符将两个关系式连接起来的有意义的式子。

例如：a And b X Or c　　　　或　　　　x>3　Or　y

4. 字符串运算符和字符串表达式

字符串运算符用于连接两个字符串。其运算种类和举例如表 2-6 所示。

表 2-6　　　　　　　　　　　　　　字符串运算符种类

运算符	运算规则	举例	运算结果
&	连接符两边的操作数无论是字符型还是数值型，系统先将操作数转换成字符，然后再连接。	"123"&55	"12355"
		"abc"&"def"	"abcdef"
+	连接符两边的操作数均为字符型：若均为数值型则进行算术加法运算；若一个是数字字符型，一个是数值型，则自动将数字字符转换为数值，然后进行算术加；若一个为非数字字符型，一个数值型，则出错。	"123"+55	178
		"123"+"5"	1235
		"abc"+12	出错

注意：使用运算符"&"时，变量与运算符"&"之间应加一个空格。这是因为符号"&"还是长整型的类型定义符，如果变量与符号"&"接在一起，VB 系统先把它作为类型定义符处理，因而就会出现语法错误。

字符串表达式是用字符串运算符和圆括号将字符串常量、变量和函数连接起来的有意义的式子，它的运算结果仍为字符串。

5. 日期时间运算符和日期表达式

日期时间运算符是借用已有的"+"、"－"算术运算符。

运算规则：

（1）当两个日期时间型数据进行减法运算时的结果为一个数值，表示两个日期的间隔天数和时间差。

（2）当两个日期时间型数据进行比较运算时，较晚的日期时间大于较早的日期时间。

例 2-1　用窗体单击事件过程显示日期时间数据的各种运算结果。

程序代码如图 2-1 所示。

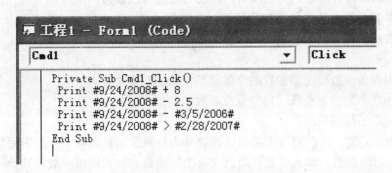

图2-1 例2-1程序代码

单击Cmd1按钮时的运行结果如图2-2所示。

图2-2 例2-1运行结果

6. 复合表达式

复合表达式是表达式中有多种运算符，各类运算符的内部，以及各类运算符间的运算优先级规定为：

（1）如果表达式中有圆括号，首先进行括号内的运算。

（2）如果表达式中有函数，其次进行函数的运算。

（3）之后进行算术运算、字符串连接运算和日期时间运算。

（4）然后进行关系运算，各关系运算符优先级相同，从左至右运算。

（5）最后进行逻辑运算。

例 2-2 $18 - 5 > 2 + 3$ And $5 * 2 = 10$

运算次序：先进行算术运算 18−5、2+3、5*2，分别得 13、5、10；再进行关系运算 13>5、10=10，其值都为 True；再进行逻辑运算 True And Flase，其值为 True。

例 2-3 $a+b*(c-5)+d*(e-5)^2/2$

运算次序：先从左至右计算括号内的表达式，之后为乘幂运算，然后为乘法运算，最后为加法运算。

2.1.4 常用内部函数

内部函数也称为标准函数。函数是一些特殊的语句或程序段，每一种函数都可以进行一种具体的运算。在程序中不必声明，只要给出函数名和相应的参数就可以直接使用它们，并可得到一个函数值。VB 提供了上百种内部函数，要求掌握常用函数的功能及使用方法。

有的标准函数带有参数，有的没有。调用它们的方法各为：

（1）有参数函数：函数名（参数列表）。

（2）无参函数：　函数名。

注意：

（1）使用内部函数要注意参数的个数及其参数的数据类型。

（2）要注意函数的定义域（自变量或参数的取值范围）。

（3）要注意函数的值域。

根据函数的功能，可以将 VB 的内部函数分为：数学运算函数、字符串函数、类型转换函数、日期和时间函数、输入函数、消息（输出）函数和格式输出函数等其他函数。

1. 数学运算函数

VB 提供的数学运算函数，其含义与数学中的一致，如表 2-7 所示。表中，N 为数值表达式；数学三角函数中，N 以弧度为单位。

表 2-7　　　　　　　　　　　　　　　　常用数学函数

函数名	函数值类型	功能描述	函数举例
Sin(N)	Double	N的正弦值	Sin(3)=0.141120008059867
Cos(N)	Double	N的余弦值	Cos(3)=-0.989992496600445
Tan(N)	Double	N的正切值	Tan(3)=-0.142546543074278
Atn(N)	Double	N的反正切值	Atn(3)=1.24904577239825
Sqr(N)	Double	N的算术平方根，N>=0	Sqr(3)=1.73205080756888
Abs(N)	同N的类型	N的绝对值	Abs(3.15)=3.15
Int(N)	Integer	不大于N的最大整数	Int(3.25)=3
Exp(N)	Double	自然常数e的幂	Exp(3)=20.0855369231877
Rnd[(N)]	Single	[0, 1]间的一个随机数	Print(Rnd)=0.533424（随机数字）
Log(N)	Double	N的自然对数值，N >0	Log(3)=1.09861228866811
Fix(N)	Integer	截掉N的小数部分，取其整数部分	Fix(3.75)=3

说明：

（1）自然对数是以自然常数 e 为底的对数，在数学上写为 ln。如果要求以任意数 n 为底，以数值 x 为真数的对数值，可使用换底公式：

$\log n^x = \ln(x)/\ln(n)$。

例如求以 10 为底，x 的常用对数为：$\lg x = \ln(x)/\ln(10)$。

在将数学代数式写为 VB 表达式时，需将 ln 改写为 log。

（2）要区别两个取整函数 Int() 和 Fix()。Fix(N) 为截断取整，即去掉小数后的数。Int(N) 为不大于 N 的最大整数。当 N>0 时，两者功能相同，而当 N<0 时，Int(N)总是小于 Fix(N)，与 Fix(N)–1 相同。

例如：Fix(9.59) = 9,　　　　　　Int(9.59) = 9

Fix(–9.59) = 9,　　　　　　Int(–9.59) = –10

2. 字符串函数

利用字符串函数可以对字符串进行各种处理，各函数功能、函数名和函数值类型如表 2-8 所示。表中 C 表示字符串表达式，N 表示数值表达式。

表 2-8　　　　　　　　　　　　　常用字符串函数

函数名	函数值类型	功能描述	函数举例
Len(C)	Long	字符串长度	Len("2222")=4
String(N,C)	String	返回由C中首字符组成的N个字符串	String(7, 99)="ccccccc"
Left(C,N)	String	取出字符串左边N个字符	Left("student", 3)="stu"
Right(C,N)	String	取出字符串右边N个字符	Right("student", 3)="ent"
Mid(C,N1[,N2])	String	取字符子串，在C中从N1位开始向右取N2个字符，默认N2到结束	Mid("student", 2, 3)="tud"
Ltrim(C)	String	去掉字符串左边空格	Ltrim("　do")="do"
Rtrim(C)	String	去掉字符串右边空格	Ltrim("do　")="do"
Trim(C)	String	去掉字符串两边的空格	Trim("　do　")="do"
Instr([N1,]C1,C2[,N2])	Integer	在C1中从N1开始找C2，省略N1从头开始找，找不到为0	InStr(2, "EFABCDEFG", "EF")=7
Space(N)	String	产生N个空格组成的字符串	Len(Space(8))= 8

说明：

VB 中字符串长度是以字符为单位的，即把每个英文字符和每个汉字都是作为一个字符来处理，占两个字节；如果要以字节方式进行字符串处理，则可在某些字符串函数名后加 B。比如，LenB(C)函数和 Len(C)函数，它们功能相近。LenB 函数得到的是字符串的字节数；Len 函数得到的是字符串的长度。

例如：LenB("ABCabc123")= 18，　而 LenB("北京奥运会")= 10

3. 类型转换函数

转换函数可以将一种类型的数据转换成另一种类型的数据。各函数功能、函数名和函数值类型如表 2-9 所示。表中 C 表示字符串表达式，N 表示数值表达式。

表 2-9 常用类型转换函数

函数名	函数值类型	功能描述	函数举例
Asc(C)	Integer	字符转换成ASCII码值，C为空串时会产生错误	Asc(22)=50 Asc("student")=115 Asc("sddd")=115 Asc(sddd)　出错
Chr(N)	String	ASCII码值转换成字符	Chr(99)="c"
Str(N)	String	数值转换为字符串，转换后字符串的第一个字符是符号位，正数用空格表示	Str(9999)=" 9999" Str(-9999)="-9999"
CStr(N)	String	数值型转换成字符型，转换后的字符串不保留正数的符号位	CStr(9999)="9999"
Val(C)	Double	数字字符串转换为数值，当遇到第一个不能被其识别为数字的字符时，即停止转换	Val("567ggh88")= 567
Ucase(C)	String	小写字母转为大写字母	UCase("67gh88")="67GH88"
Lcase(C)	String	大写字母转为小写字母	LCase("67GH88")="67gh88"
CInt(N)	Integer	数值转换成整型数据	CInt(89.2217)= 89
CLng(N)	Long	数值转换成长整型数据	CLng(8333.2217)= 8333
Round(N,[n])	Long	数值N四舍五入保留n位小数，当n缺省或为0，表示将N四舍五入取整	Round(898798.2217,　　3)=898798.222
Oct[$](N)	Integer	十进制转换成八进制	Oct(100123.7821)=303434
Hex[$](N)	Integer	十进制转换成十六进制	Hex(100123.7821)=1871C

说明：

（1）Str、CStr 和 Val 函数。

Str(N)函数将数据 N 转换为字符串，转换后字符串的第一个字符是符号位（正数用空格表示）；而 Cstr(N)函数将 N 转换为字符串，转换后的字符串不保留正数的符号位。Val(N)函数将数字字符串转换为对应的数值，在遇到第一个数值类型规定字符外的字符时转换停止，返回停止前合法的数值字符串所对应的数值，即若需转换的字符串的第一个字符不是数字，则返回结果为 0。

（2）Round、CInt、Clng 函数。

Round、CInt、Clng 是取整函数，表 2-7 中的 Fix、Int 也属于取整函数。

Round、CInt、Clng 为"四舍六入五成双"的取整函数，即当小数部分小于 0.5 时，则采用舍去小数部分取整；当小数部分大于 0.5，则采用向整数部分进 1 取整；当小数部分等于 0.5，则采用往数据本身最接近的偶数取整。与 Round 函数不同，CInt 和 CLng 函数还起到将数据的类型分别转换成 Integer 和 Long 的作用。

例如：　　　　Fix(8.55)= 8

Int(8.55)= 8

Round(8.55)= 9

CInt(8.55)= 9

CLng(8.55)= 9

4. 日期时间函数

日期时间函数可以表示从公元 100 年 1 月 1 日到 9999 年 12 月 31 日之间的任何日期和从 0 点 0 分 0 秒到 23 点 59 分 59 秒的任何时间。在系统内用一个双精度数表示日期和时间时，其整数部分表示日期，小数部分表示时间。常用的日期时间函数如表 2-10 所示。

表中，C 表示字符串表达式；N 表示数值表达式；日期参数 D 是任何能够表示为日期的数值型表达式、字符串型表达式或它们的组合；时间参数 T 是任何能够表示为时间的数值型表达式、字符串型表达式或它们的组合。为了举例方便，设定当前系统时间为 2008 年 9 月 29 日下午 15 点 25 分 30 秒。

表 2-10　　　　　　　　　　　　　　常用的日期时间函数

函数名	函数值类型	功能描述	函数举例
Date[()]	Date	返回系统日期	Date()=2008-9-29
DateSerial(年,月,日)	Integer	返回一个日期形式	DateSerial(2008, 9, 29)=2008-9-29
DateValue(C)	Integer	返回一个日期形式,但自变量为字符串	DateValue("2008,9,29") - DateValue("2008,9,27")= 2
Day(D)	Integer	返回日期代号(1~31)	Day("08,9,29")= 29
Hour(T)	Integer	返回小时(0~24)	Hour(#2:25:56 PM#)= 14
Minute(T)	Integer	返回分钟(0~59)	Minute(#2:25:56 PM#)= 25
Month(D)	Integer	返回月份代号(1~12)	Month(Now())= 9
MonthName(N)	string	返回月份名	MonthName(3)="三月"
Now	Date	返回系统日期和时间	Now()=2008-9-29 15:25:30
Second(T)	Integer	返回秒(0~59)	Second(#1:12:56 PM#)= 56
Time[()]	Date	返回系统时间	Time()=15:25:30
WeekDay(D)	Integer	返回星期代号(1~7) 星期日为1,星期一为2	WeekDay(3)=3 WeekDay(3)="3"
*WeekDayName(N)	string	将星期代号(1~7)转换为星期名称,星期日为1	WeekdayName(2)="星期一"
Year(C|D)	Integer	返回年代号(1753~2078)	Year(2008-9-29)=1905

说明：

（1）当参数 D 是数值型表达式时，其值表示相对于 1899 年 12 月 30 日前后的天数，负数是 1899 年 12 月 30 日以前，正数是 1899 年 12 月 30 日以后。

（2）Year(D)函数中，参数为天数时，函数值为相对于 1899 年 12 月 30 日后的指定天数的年号，其取值在 1753 到 2078 之间。

5. 其他函数

VB 还有很多其他完成各种功能的函数，由于篇幅的关系，不可能将其全部描述。这里只选择性地介绍几个常用的函数，要了解更多的函数可参考其他手册。

（1）输入函数（InputBox）。

功能：在程序运行中，当遇到该函数时，将显示一输入对话框，提示和等待用户输入变量的值。

格式：变量名=InputBox(<提示信息>[,<标题>][,<默认值>][,<x 坐标>,<y 坐标>])

说明：

①变量名：用于存放 InputBox 函数的返回值，即用户输入的信息。

②提示信息：用于提示用户输入什么内容，作为消息文字出现在输入框上的字符表达式，不能省略，最大长度大约是 1024 个字符。它可以是一行或多行汉字，但必须在每行文字的末尾加回车 Chr(13)和换行 Xhr(10)。

③标题：显示在输入框标题栏中的字符表达式，用做输入框的标题。如果省略，则自动把应用程序名放入标题栏。

④默认值：输入框弹出时就显示在文本框中的默认字符串表达式。如果省略，则文本框位空。

⑤x 坐标、y 坐标：成对出现，可选项。用于指定输入框在屏幕上显示的位置。如果省略，则输入框显示在屏幕中央。

例2-4 设计输入框，输入神七航天员出舱人员名单。其提示信息为"请输入神七出舱航天员姓名(任选其一)："和"翟志刚、景海鹏、刘伯明"，标题为："航天员姓名"，输入框坐标位置为：x坐标=3000，y坐标=3000。

程序代码如图2-3所示。

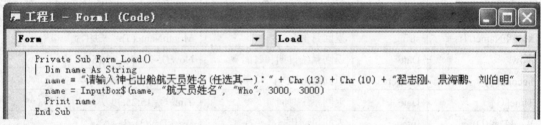

图2-3　例2-4程序代码

运行结果如图2-4所示。

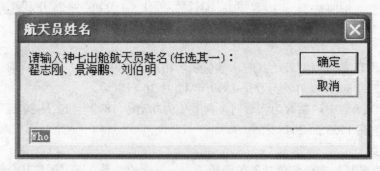

图2-4　例2-4运行结果

（2）消息函数（MsgBox）。

功能：出现一个消息对话框，在此消息对话框中显示提示信息，等待用户单击按钮并返回一个整型数值，告诉应用程序用户单击的是哪一个按钮。

格式：MsgBox（<提示信息>[,<按钮值>][,<标题>]）

说明：

①提示信息：表示显示在对话框中的提示信息，可以是汉字，显示多行提示文字。

②按钮值：可选项，是数值表达式，表示在对话框中显示的按钮的数目、形式、图标样式和缺省按钮以及等待模式等信息。如表 2-11 所示。在此表的每组值中取一个数字相加，即可生成此参数值。如果省略，则默认为 0。

③标题：是消息对话框标题栏中的标题文字。如果省略，则自动把应用程序名放入标题栏。

表 2-11　　　　　　　　　　　按钮参数的取值及其含义

类型	按钮值	说　明
按钮	0	显示"确定"按钮
	1	显示"确定"按钮和"取消"按钮
	2	显示"终止（A）""重试（R）"和"忽略（I）"按钮
	3	显示"是（Y）""否（N）"和"取消"按钮
	4	显示"是（Y）"和"否（N）"按钮
	5	显示"重试（R）"和"取消"按钮
图标	16	显示"×"按钮
	32	显示"?"按钮
	48	显示"!"按钮
	64	显示"I"按钮
默认按钮	0	第1个按钮是默认值
	256	第2个按钮是默认值
	512	第3个按钮是默认值
等待模式	0	应用程序一直被挂起，直到用户对消息框作出响应才继续工作
	4096	全部应用程序都被挂起，直到用户对消息框作出响应才继续工作

例2-5　要求消息对话框显示"是（Y）""否（N）"和"取消"按钮，并且显示"!"图标。

分析：根据表2-11所示，显示"是（Y）""否（N）"和"取消"按钮的按钮值是3，显示"!"图标的按钮值是48，3+48=51，所以MsgBox中的按钮参数的取值应为51。

程序代码如图2-5所示。

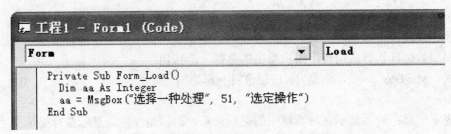

图2-5 例2-5程序代码

运行结果如图2-6所示。

图2-6 例2-5运行结果

（3）格式输出函数（Format$）。

功能：使用Format函数指定的标准格式输出数值、日期、字符串等，一般用于Print方法。该函数返回一个字符串类型的数据。

格式：Format$（表达式 [,"格式化符号"]）

说明：

①表达式：是需要格式化的数值、日期和字符串类型表达式。

②格式化符号：表示输出表达式值时所采用的输出格式，要用引号括起来。格式字符串是由格式符构成的，表2-12所示为常用数值格式符。日期、字符串等其他格式符可以去查相关资料。

表2-12   常用数值格式符

符号	说 明	格式举例	运行结果
0	实际数字小于符号位数时，数字前后加0	Format(1234.567, "00000.00000")	01234.56700
#	实际数字小于符号位数时，数字前后不加0	Format(1234.567, "#####.#####")	1234.567
.	加小数点	Format(1234567, "#####.00")	1234567.00
,	千分位	Format(1234567, "##,###.00")	1，234，567.00
%	数值乘以100，加百分号	Format(1234567, "####.00%")	123456700.00%
$	在数字前加[$]号	Format(1234.567, "$#####.00")	$1234.57
+	在数字前加[+]号	Format(1234.567, "+#####.0000")	+1234.5670
−	在数字前加[−]号	Format(1234.567, "-#####.00")	−1234.57
E+	用指数表示	Format(1234.567, "0.00E+00")	1.23E+03
E−	用指数表示	Format(0.1234567, "0.00E−00")	1.23E−01

2.1.5 语句和方法

VB语言包含了普通Basic语言所具有的所有语言，如赋值语句、注释语句等。语句是由VB关键字、常量、变量、函数、表达式、对象名称、属性和方法等组成的指令。最简单的语句可以只有一个VB关键字，例如：End。一个语句行可以是多条语句，各语句之间必须用"："分隔；一条语句也可以分多行书写，但除了最后一行外，其他各行的末尾必须加续行符（空格+下画线）。

所谓方法，其实质就是系统提供的具有一定功能的程序，可以调用所需方法完成指定的功能，以免去应用程序开发人员编制该功能程序的麻烦。

VB的顺序结构是一种最简单、最基本的程序设计结构，用这种结构设计的程序是按语句在程序代码中出现的顺序"从上而下"依次执行，直到执行完代码中的最后一条语句，程序才终止运行。如例2-4和例2-5，例中的语句就是按出现的先后顺序依次执行的。

在顺序结构中所用到的典型语句主要是赋值语句、对象方法的调用语句、用户交互语句以及某些不会引起程序发生跳转的控制语句。

1. 赋值语句

赋值语句是VB语句中最简单、使用频率最高的一种语句。其功能是将指定的表达式值赋给变量。

常用格式为：<变量名>=<表达式>

变量名是指按照VB的变量命名规则命名的任何有效的变量。表达式可以是算术表达式、关系表达式、字符表达式、日期时间表达式或逻辑表达式。

例如：给变量名为kk的整型变量赋值的语句，kk=20。

2. End 和 Rem 语句

End语句的格式和功能：

格式：End

功能：使正在运行的程序终止运行。

Rem语句的格式和功能：

格式：Rem

功能：对程序语句进行注释和说明，需在注释文字前加[']。

3. Print 方法

Print方法在窗体、图片框、立即窗口、打印机等对象中，用来显示文本字符串和表达式的值。常用的语法格式为：

<对象>.Print [表达式表][, l;]

说明：

（1）对象：指定输出对象。可以是窗体（Form）、立即窗口（Debug）、图片框（PictureBox）、打印机（Printer）等。如果省略对象名称，则在当前窗体上输出。

（2）表达式表：是一个表达式或多个表达式，可以是数值表达式或字符串。对于数值表达式，Print 具有计算和输出双重功能；而对于字符串，则原样输出。如果省略了"表达式表"，则输出空行。

（3）当输出多个表达式或字符串时，各输出项之间可以用逗号或分号隔开，也可以用空格。如果输出的各表达式之间用逗号分隔，则按标准输出格式（以14个字符位置为单位把一个输出行分为若干个区段）显示数据项。如果各输出项之间用分号分隔，则按紧凑输出格式输出数据，即数值与数值之间空一格，字符串之间没有空格。

（4）不换行输出。如果 Print 末尾没有标点（逗号或分号），则自动换行。如果 Print 末尾有逗号或分号则不换行，即下一个 Print 输出的内容将接在当前 Print 所输出的信息的后面。

表达式表参数的语法格式为：

{Spc(n) | Tab(n) } <表达式> <字符插入点>

说明：

（1）Spc(n)：可选项。使用此功能可插入空格符到输出文字中，而 n 为空格符数。

（2）Tab(n)：可选项。用来移动文字插入点到适当行位置，而 n 为移动行数。如果使用无参数的 Tab(n)，则将输出点定位在下一显示区的起始位置。

（3）表达式：可选项。指定要显示输出的数值表达式或字符串表达式。

（4）字符插入点：间隔符号，可选项。指定下个字符的插入点使用分号（;）的话，插入点会接在上个字符所显示地方的后面。使用 Tab(n)的话，会移动插入点到某行。使用无参数的 Tab(n)或逗号（,）的话，会移动插入点到下一个显示区的开头位置。如果省略，下一行显示输出下一字符。

例2-6 在Form对象的Activate事件中输入下面程序，试运行。

程序代码如图2-7所示。

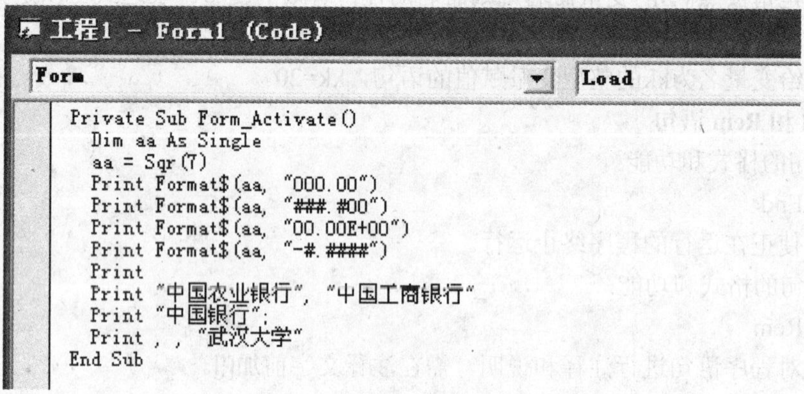

工程1 - Form1 (Code)
Form
Load
Private Sub Form_Activate()
Dim aa As Single
aa = Sqr(7)
Print Format$(aa, "000.00")
Print Format$(aa, "###.#00")
Print Format$(aa, "00.00E+00")
Print Format$(aa, "-#.####")
Print
Print "中国农业银行", "中国工商银行"
Print "中国银行";
Print , , "武汉大学"
End Sub

图2-7 例2-6程序代码

运行结果如图2-8所示。

Form1
002.65
2.646
26.46E-01
-2.6458
中国农业银行 中国工商银行
中国银行 武汉大学

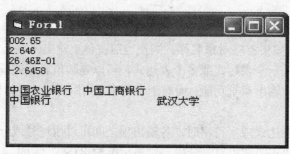

图2-8 例2-6运行结果

4. Cls 方法

功能：将窗体（Form）、立即窗口（Debug）、图片框（PictureBox）等内部的文本内容清除。它默认的对象是窗体。

2.2　控件

Visual Basic的控件可分为3大类：内部控件、ActiveX控件和可插入对象控件。内部控件是VB提供的控件，都显示在工具箱中，不可删除。内部控件又分为一般类控件、选择类控件和图形图像类控件。在一般类控件中有标签、文本框、命令按钮、时钟和滚动条。对这些控件，都分别规定了相应的属性、事件和方法。窗体也是一种控件。

2.2.1　图片框和图像框

Visual Basic提供的图形控件包括图片框、图像框和直线、形状控件4种。其中，图片框、图像框都可以用来加载图片，而直线、形状控件则是用来美化界面的。

图片框（PictureBox）和图像框 （Image）是VB中用来显示图形的两种基本控件，用于在窗体的指定位置显示图形信息。图片框比图像框更灵活，且适用于动态环境，而图像框适用于静态情况，即不需要再修改的位图、图标及Windows元文件。图片框和图像框以基本相同的方式出现在窗体上，都可装入多种格式的图形文件。其主要区别是图像框不能作为父控件,且不能通过Print方法接收文本，如表2-13所示。

表2-13　　　　　　　　　　　　　　图形控件

控件名	作用及说明	常用属性
PictureBox控件（图片框）	用来显示图片。AutoSize属性为Ture时，图片框能自动调整大小与显示的图片匹配。为False时，图形框不能自动调整大小来适应其中的图形，加载到PictureBox控件中的图形保持原尺寸。因此如果图形比图片框大，则超过的部分将被裁剪掉。可作为容器。	AutoSize BorderStyle（用来设置图片框的边框风格） PictureBox（用于加载图片）
Image控件（图像框）	用来显示图片。Stretch属性设置为False时，图像框可自动改变大小以适应其中的图形，设置为True时，加载到图像框的图形可自动调整尺寸以适应图像框的大小。该控件没有AutoSize属性，不能作为容器。	PictureBox（用于加载图片）、Stretch

图像框与图片框的区别：

（1）图像框与图片框控件都支持相同的图片格式。支持的图片格式有：位图（.bmp）、图标（.ico）、增强型图元文件（.emf）、普通图元文件（.wmf）、位图（.gif,可支持256种颜色）、位图（.jpeg 可支持 8 位和 24 位颜色）。图片框可以作为其他控件的容器，而图像框则不能。

（2）图片框可以通过 Print 方法接收文本信息，而图像框则不能接收用 Print 方法输入的文本信息。

（3）图像框比图片框占用的内存少，重新绘图和显示速度快，但支持的属性、事件、方法较少。

（4）图片框 PictureBox 控件可以显示动态的图形信息，而图像框 Image 控件只能用来显示静态的图形信息。

（5）调整图形大小时，在图片框中，利用 AutoSize 属性调整图片框大小适应图片；在图像框中，利用 Stretch 属性调整图片大小适应图像框。

（6）Image 控件没有 Autosize 属性，但可通过 Stretch 属性来确定是否缩放图形来适应控件大小，PictureBox 控件中的图形不能伸缩。

例 2-7　在窗体上建立一个图片框（ ）、一个图像框（ ）和 2 个命令按钮（ ）。

操作步骤：

（1）在窗体上建立一个图片框 Picture1、一个图像框 Image1 和 2 个命令按钮 Command1 和 Command2。界面设计如图 2-9 所示。

图2-9　例2-7设计界面

图2-9中各控件的相关属性如表2-14所示。

表2-14　　　　　　　　　　　　　　　**例2-7控件属性**

控件名	属　　性	设　　　　置
Picture1		
Image1	BorderStyle	1-FixedSingle
Command1	Caption	图片框自动调整尺寸以适应图片的大小
Command2	Caption	图形自动调整大小以适应图像框的尺寸

（2）编写Command1和Command2的事件代码如下：

```
Private Sub Command1_Click()
    Picture1.AutoSize = True
End Sub

Private Sub Command2_Click()
    Image1.Width = 2008
    Image1.Height = 2008
    Image1.Stretch = True
End Sub
```

其中，AutoSize 属性：设置图片框是否按装入图形的大小作自动调整。默认值为 False，此时保持控件大小不变，超出控件区域的内容被裁减掉；若值为 True 时，自动改变控件大小以显示图片全部内容（注意：不是图形改变大小，而是改变图片框的大小来适应图片）。

Stretch 属性：当该属性的取值为False（默认值）时，自动调整控件的大小以适应图形；当其值为True时，自动调整图形的大小适合控件。与图片框的AutoSize属性略有不同，只能调整控件的大小适应图形（相当于Stretch属性为 False ）。

BorderStyle属性：默认值为1有单线边框，0取消边框

Image1.Width是对象Image1的宽度，Image1.Height是对象Image1的高度。

（3）程序运行结果如图2-10所示。

图2-10 例2-7运行结果

例2-8 将一个图片放入图像框，改变图像框的大小，观察图像框和图片的变化情况。设计界面如图2-11所示。

图2-11　例2-8设计界面

图2-11中各控件的相关属性如表2-15所示。

表2-15　　　　　　　　　　　　　例2-8控件属性

控件名	属　　性	设　　　置
Command1	Caption	改变大小
Command2	Caption	还原
Command3	Caption	退出

操作步骤：

单击"改变大小"命令按钮时，执行如下事件过程：

```
Private Sub Command1_Click()
    Image1.Width = Image1.Width + 100
    Image1.Height = Image1.Height + 100
End Sub
```

单击"还原"命令按钮时，执行如下事件过程：

```
Private Sub Command2_Click()
    Image1.Left = 1000
    Image1.Width = 2000
    Image1.Height = 1500
    Image1.Top = 240
End Sub
```

执行后恢复图像框原有的位置和大小。

单击"退出"命令按钮时，执行如下事件过程：

```
Private Sub Command3_Click()
    End
```

End Sub

2.2.2　滚动条

滚动条（scrollBar）控件 主要用来滚动显示在屏幕上的内容，它可分为水平滚动条（hscrollBar）和垂直滚动条（vscrollBar），二者只是滚动方向不同。滚动条控件通常与某些不支持滚动的控件或应用程序联合使用，以根据需要对内容进行滚动。

滚动条的很多属性类似于其他控件，这里介绍四个独有的属性和常用的事件。如表2-16和表2-17所示。

表2-16　　　　　　　　　　　　　　滚动条控件常用属性

属性名称	功　　能	取　　值
Min	设置当滚动条位于水平滚动条最左端或者垂直滚动条最上端时的值	−32767～32767
Max	设置当滚动条位于水平滚动条最右端或者垂直滚动条最下端时的值	−32767～32767
SmallChange	设置用鼠标单击滚动条的左右箭头时，滚动条的Value值的最小变化量	数值型数据。默认为1
LargeChange	设置用鼠标单击滚动条的区域时，或按【PangeUp】或【PageDown】键时，滚动条的Value值的最大变化量	数值型数据。默认为5
Value	返回或设置滚动块在滚动条中的位置	

表2-17　　　　　　　　　　　　　　滚动条控件常用事件

事件名称	功　　能
Scroll	用鼠标拖曳滚动条的滚动块时，此事件发生
Change	移动滚动条的滚动块、单击滚动条或滚动箭头，使滚动块重定位时，或通过代码改变滚动条的Value属性值时，该事件发生

注意：在这两个事件中应避免使用MsgBox语句和函数。

例2-9　在窗体上建立一个水平滚动条控件（ ），一个标签控件（ **A** ）。如图2-12所示。

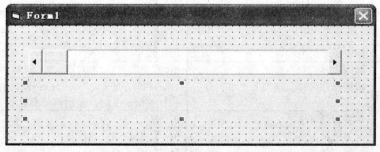

图2-12　例2-9设计界面

操作步骤：

（1）设计如图2-12界面，滚动条的属性设置：Min为0，Max为100，SmallChange为5，LargeChange为10。

（2）双击滚动条HScroll1，在代码窗口内完成以下代码：

```
Private Sub HScroll1_Change()
        Label1.Caption = "滚动条当前值为：" & HScroll1.Value
End Sub
Private Sub HScroll1_Scroll()
        Label1.Caption = "拖动中……"
End Sub
```

（3）运行结果如图2-13所示。

图2-13　例2-9运行结果

2.2.3　文本控件

标签和文本框统称为文本控件。标签Label（**A**）通常用于在界面中显示固定信息，如界面标题、操作提示信息等。文本框TextBox（abl）是程序界面上的主要输入对象，可以用于输入和输出，用于输入对象时，既可以输入文字，也可以输入数字字符。

1. 标签

其常用属性如表2-18所示。

表2-18　　　　　　　　　　　　　　　标签常用属性

属性名称	功　能	取　值
（名称）	标签名称	缺省为LabelN，可修改 注意：该名称也就是程序设计中的对象名称
Caption	标签显示的内容	可用汉字或英文
Alignment	标题内容的对齐方式	0：左对齐；1：右对齐；2：居中
AutoSize	根据标签内容自动调节大小	True：自动调节大小；False：默认值。标签内容超出标签框长度时，超出部分不显示
BackStyle	标签背景风格	0：透明；1：不透明
BorderStyle	标签边框风格	0：无边框；1：单线框
FontName	标签字体	默认宋体，可修改
FontSize	标签字号	默认为10磅，可修改

标签常用事件：

Click：鼠标左键单击事件。

DbClick：鼠标左键双击事件。

2. 文本框

其常用属性除了有很多和标签相似的外，还有其他用得较多的属性，如表2-19所示。

表2-19　　　　　　　　　　　　　　　　　文本框常用属性

属性名称	功　　能	取　　值
（名称）	文本框名称	缺省为TextN，可修改 注意：该名称也就是程序设计中的对象名称
Text	文本框显示的内容	可用汉字或英文
MaxLength	文本框允许容纳的字符数	最大为32K
MultiLine	是否允许文本框多行内容	True：允许；False：不允许
ScrollBars	文本框是否设置滚动条	0：无；1：水平；2：垂直；3：水平垂直

文本框常用事件：

Change：文本框的Text属性，即文本的内容发生变化时触发。

KeyPress：按下键盘上某个ASCII字符按键时触发。

例2-4中用到了标签和文本框这两个控件。提示信息就是标签，用户输入区域就是文本框。读者自行练习例2-4，这里不再举例。

第3章 选择结构程序设计

3.1 基本概念及语法

3.1.1 逻辑运算符与表达式

逻辑型数据主要用于逻辑判断，它只有 True 与 False 两个值。当逻辑数据转换成整型数据时，True 转换为-1，False 转换为 0。其他类型数据转换成逻辑数据时，非 0 数转换为 True，0 转换为 False（如表 3-1 所示）。

逻辑运算符是用来执行逻辑运算的运算符。包括 And（与）、Eqv（等价）、Imp（包含）、Not（非）、Or（或）和 Xor（异或）。逻辑运算是对数值表达式中位置相同的位进行逐位比较，如表 3-1 所示，a 和 b 代表两个逻辑表达式的值。逻辑表达式是用逻辑运算符将逻辑变量连接起来的式子。

表 3-1   逻辑型数据运算结果

a	b	Not a	a And b	a Eqv b	a Imp b	a Or b	a Xor b
False	False	True	False	True	True	False	False
False	True	True	False	False	True	True	True
True	False	False	False	False	False	True	True
True	True	False	True	True	True	True	False

相对于程序设计中的顺序结构，VB 还有选择结构，选择结构也是常用的一种基本结构，在这种情况下，程序不再按照行号的顺序来直接运行各语句行的语句，而是根据给定的条件来决定选取哪条路径执行哪些语句。选择结构的特点是：根据给定选择条件为真（即条件成立）与否，来决定从各实际可能的不同操作分支中，选择执行某一分支的相应操作，并且任何情况下均有"无论分支多少，仅选其一"的特性。

在 VB 中，实现选择结构的语句有：If Then（单选择单分支）、If Then Else（单选择双分支）、If Then ElseIf（多选择多分支）、Select Case（多分支开关）语句。条件语句的功能都是根据表达式的值是否成立，有条件地执行一组语句。

3.1.2 If 语句

1. If...Then...（单选择单分支）

格式 1 单行格式: If<条件表达式> Then 语句体

格式 2 块格式: If<条件表达式> Then

　　　　　语句体

End If

说明：

　　（1）条件表达式：可以是关系表达式或逻辑表达式，也可以是算术表达式，若是算术表达式则将表达式的值按非零或零分别转换成True或False。当条件成立（即其值为True）时，执行语句体的内容，否则执行语句体以外的语句。

　　（2）语句体：可以是一条或多条语句。当采用格式1时，语句的所有内容必须写在一行；否则写在多行。

　　例 3-1　用输入函数（InputBox）输入一个数，如果该数大于 0，就在标签 Label1 内显示"Yes"，否则什么也不显示。

操作步骤：

　　（1）在窗体上建立一个标签（Label1）。将标签的Caption属性设为空。

　　（2）在窗体的Activate事件中输入如图3-1所示的程序代码。

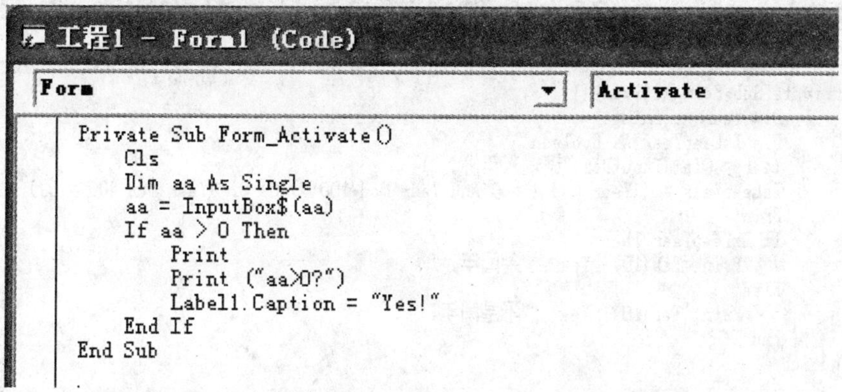

```
工程1 - Form1 (Code)
Form                               Activate

Private Sub Form_Activate()
    Cls
    Dim aa As Single
    aa = InputBox$(aa)
    If aa > 0 Then
        Print
        Print ("aa>0?")
        Label1.Caption = "Yes!"
    End If
End Sub
```

图3-1　例3-1程序代码

　　（3）运行程序。图3-2（a）是运行程序界面。如果输入一个大于0的数，则运行结果如图3-2（b）所示。

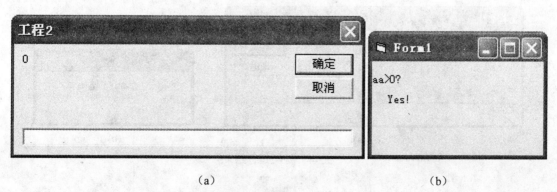

　　　　　　　（a）　　　　　　　　　　　　　　　　　（b）

图3-2　例3-1运行结果

计算机公共课系列教材

2. If …Then… Else…（单选择双分支）

格式1 单行格式：If <条件表达式> Then 语句体1 Else 语句体2

格式2 块格式： If <条件表达式> Then

语句体1

Else

语句体2

End If

说明：当条件表达式为 True 时，执行语句体1，否则执行语句体2。

例3-2 输入一个年份，判断是否闰年。闰年的年份可以被4整除但不能被100整除，或者能被400整除。

操作步骤：

（1）建立窗体，在窗体的Activate事件中输入如图3-3所示的程序代码。

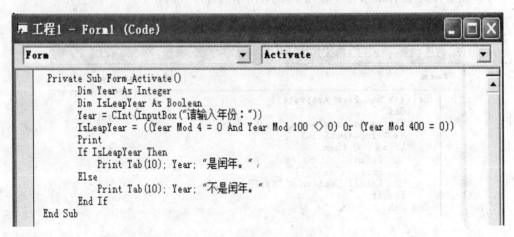

图3-3 例3-2程序代码

（2）运行程序。图3-4（a）是运行程序界面。输入2099，点击"确定"按钮，结果如图3-4（b）所示。

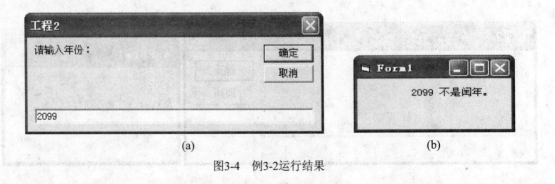

（a） （b）

图3-4 例3-2运行结果

3. If …Then… ElseIf…（多选择多分支）

格式：If 条件表达式1 Then

语句体 1

 【ElseIf 条件表达式 2 Then

  语句体 2】

 【Else

  语句体 n】

 End If

说明：这种格式适用于根据多个条件表达式的结果进行判断，产生多个分支的情况。当条件表达式 1 的值为 True 时，执行语句体 1，为 False 时，再去判断条件表达式 2 的值；当条件表达式 2 的值为 True 时，执行语句体 2，为 False 时，再去判断条件表达式 3 的值；依次类推，直到找到一个值为 True 的条件时为止，并执行其后面的语句体。如果所有条件的值都不是 True，则执行关键字 Else 后面的语句体 n。无论哪一个语句体被执行，执行完后都接着执行关键字 End If 后面的语句。

注意：If 语句的嵌套深度最好不要超过 5 层，否则影响程序的可读性。

例 3-3 某商场购物做商品金额累计打折活动。累计购物金额不足（不含）1000 元的按原价算；介于 1000 到 2000（含 1000，不含 2000）的打 9 折；介于 2000 到 3000（含 2000，不含 3000）的打 8 折；3000 以上（含 3000）的打 7 折。现在设计一个程序，根据购物金额，输入原价后，按照上面的打折规定自动计算出实际应付金额。

操作步骤：

（1）建立窗体，在窗体的Activate事件中输入如图3-5所示的程序代码。

```
Private Sub Form_Activate()
  Dim YuanJia As Single
  YuanJia = Val(InputBox(YuanJia))
  Dim ZheKouJia As Single
  If YuanJia >= 1000 And YuanJia < 2000 Then
    ZheKouJia = YuanJia * 0.9
  ElseIf YuanJia >= 2000 And YuanJia < 3000 Then
    ZheKouJia = YuanJia * 0.8
  ElseIf YuanJia >= 3000 Then
    ZheKouJia = YuanJia * 0.7
  Else
    ZheKouJia = YuanJia
  End If
  Print ("实际应付金额：" & ZheKouJia)
End Sub
```

图 3-5　例 3-3 程序代码

（2）运行程序。图 3-6（a）是运行程序界面。输入 2345.88，点击"确定"按钮，结果如图 3-6（b）所示。

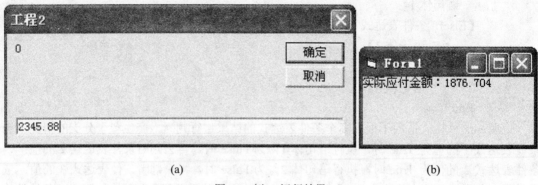

(a)　　　　　　　　　　　　　　　　(b)

图3-6　例3-3运行结果

3.1.3　情况语句 Select Case

Select Case 属于多分支开关语句，格式如下。

格式：Select Case <测试表达式>
　　　　　　Case　表达式列表 1
语句体 1
Case　表达式列表 2
语句体 2
……
[Case Else
语句体 n]
End Select

说明：

（1）这种多分支开关语句的功能和 If …Then… ElseIf…语句差不多。If …Then… ElseIf…可以包含多个 ElseIf 子语句，这些子语句中的条件一般情况下是不同的。但当每个 ElseIf 子语句后面的条件都相同，二条件表达式的值并不相同时，使用 If …Then… ElseIf…语句编写程序就会很麻烦，此时可使用 Select Case 语句。

（2）<测试表达式>可以是关系表达式、逻辑表达式，也可以是结果为数值的任何表达式。但不能是逻辑运算符连接的关系表达式。例如，Case Is 1000 And Is<2000 是错误的。

（3）每个<表达式列表>是一个或几个值的列表，可以有多个值，多个值之间用逗号隔开。例如：1，2，3。

（4）只有在 If 语句和每一个 ElseIf 语句计算相同表达式时，才能用 Select Case 结构替换 If 结构。

例 3-4　将例 3.3 用 Select Case 语句改写。程序代码如图 3-7 所示。
读者自行运行程序。

3.1.4　条件函数

条件函数是通过测试某些逻辑或关系表达式的值，根据返回的 boolean 值（True 或 False）使得变量得到不同的值。

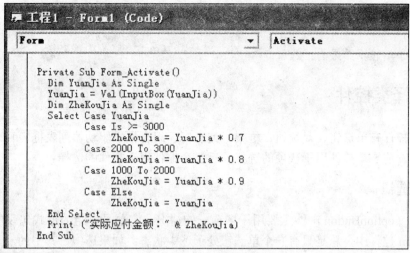

图3-7 用Select Case语句改写例3-4

1. 条件函数（IIf）

格式：IIf （<逻辑或关系表达式>，<表达式 1>，<表达式 2>）

功能：当逻辑或关系表达式取 True 时，返回表达式 1 的值；当取值为 False 时，返回表达式 2 的值。

说明：函数返回值的类型取决于表达式 1 或表达式 2 的类型。

例 3-5 输入下列程序。

```
Private Sub Form_Activate()
    Dim a, b, c, d, x As String
    a = "a": b = "b":   c = "c": d = "d"
    x = IIf((a < d), 1, 2)
    Print (x)
End Sub
```

运行程序，显示结果为：1。

2. 开关函数（Switch）

格式：Switch (<逻辑或关系表达式 1>,<表达式 1>[,<逻辑或关系表达式 2>，<表达式 2>···[,<逻辑或关系表达式 n>,<表达式 n>]])

功能：函数从左至右依次计算逻辑或关系表达式的值，如果逻辑或关系表达式 1 取 True 值，则返回表达式 1 的值；若逻辑或关系表达式 2 取 True 值，则返回表达式 2 的值，依此类推。当有多个逻辑或关系表达式取 True 时，则只返回最前面与逻辑或关系表达式取 True 值相应的表达式的值。如果所有的逻辑或关系表达式均不取 True 时，则返回 Null。

例 3-6 输入下列程序。

```
Private Sub Form_Activate()
    Dim a, b, c, d, x As String
    a = "a": b = "b":   c = "c": d = "d"
    x = "b"
    x = Switch(x = "a", 1, x = "b", 2, x = "c", 3, x = "d", 4)
```

```
    Print (x)
End Sub
```
运行程序，显示结果为：2。

3.2 选择类控件

选择类控件有单选钮、复选钮、框架、列表框、组合框、驱动器列表框、目录列表框和文件列表框。前 5 个控件用于选项的选择，后 3 个控件用于文件的选择。

3.2.1 单选钮

单选钮（optionButton） 主要用于多选一的情况。它总是以组的形式出现的。在一组 Option Button 控件中，总是只有一个单选钮处于选中状态；如果选中了其中的一个，其余单选钮则自动清除为非选中状态。被选中的单选钮，圆框内用黑点标识，程序将按选择的结果完成相应的操作。单选钮设计界面示例如图 3-8 所示。

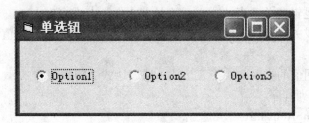

图3-8 单选钮设计界面示例

图 3-8 所示是一个单选钮的窗体，一共有 3 个单选钮，但是一次只能选择一个选项。单选钮的常用属性如表 3-2 所示，其常用事件如表 3-3 所示。

表 3-2　　　　　　　　　　　　　　单选钮的常用属性

属性名	取　值
Caption	设置标题，指定所表示的选择项的内容
Alignment	对齐方式。0（默认）：标题显示在对象的右边；1：显示在左边
Value	返回或设置状态。True：选中，False：未选中
Enabled	当前是否可用。True（默认）：单选钮为正常可用状态；False：单选钮处于不可用状态，此时选择项内容变为雕刻状
Visible	是否可见。True（默认）：可见，False：不可见
FontName	标题字体
FontSize	标题字号，单位为磅
Top	单选钮上边缘在窗体中的纵向位置，单位为微点
Left	单选钮左边缘在窗体中的横向位置，单位为微点
Height	单选钮高度，单位为微点
Width	单选钮宽度，单位为微点

表3-3   单选钮的常用事件

事件	含 义
Click	鼠标单击事件。但一般不需要编写Click事件过程
GotFocus	获得焦点事件
LostFocus	失去焦点事件

例3-7 建立窗体，窗体中有 3 个单选按钮，3 个文本框。

操作步骤：

（1）建立如图 3-9 所示的窗体，窗体内各控件的属性如表 3-4 所示。

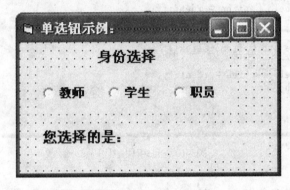

图3-9　例3-7设计窗体

表3-4   例3-7窗体各控件部分属性

控件	属性	取值	属性	取值	属性	取值
Option1	Caption	教师	Top	480	Left	350
	Font	粗体，小五	Height	600	Width	1000
Option2	Caption	学生	Top	480	Left	1350
	Font	粗体，小五	Height	600	Width	1000
Option3	Caption	教师	Top	480	Left	2350
	Font	粗体，小五	Height	600	Width	1000
Label1	Caption	身份选择				
	Font	粗体，五号				
Label2	Caption	您选择的是：				
	Font	粗体，五号				
Label3	Caption	（空）				
	Font	粗体，五号				
Form	Caption	单选钮示例：				

（2）窗体代码如图 3-10 所示。其中，identify 是模块级变量，它在整个模块内都起作用。

其声明的位置是在该模块的顶部声明段，用 Dim 关键字声明。

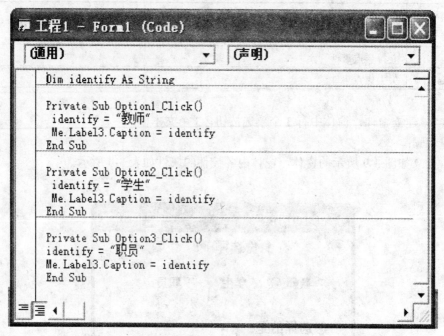

图3-10　例3-7程序代码

（3）运行程序，显示如图 3-11 所示的界面。

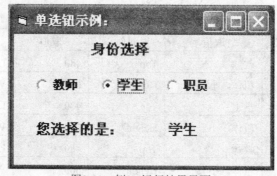

图3-11　例3-7运行结果界面

3.2.2　复选框

复选框（CheckBox）☑ 主要用于多选多的情况。可同时选一项或多项。既可以单个使用，也可以成组使用。在成组使用时，组中的每一个复选框都可以被独立选择，这一点与单选钮不同。被选中的复选框在其方框中打上"√"标记，其 Value 属性值为 1，而未被选中的为 0。复选钮设计界面示例如图 3-12 所示。

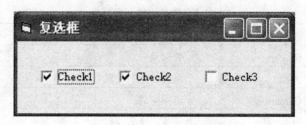

图3-12 复选框示例

图 3-12 所示是一个复选钮的窗体，一共有 3 个复选钮，一次可以选择多个选项。复选钮的常用属性如表 3-5 所示。

表 3-5 复选钮的常用属性

属性名	取 值
Caption	设置标题，指定所表示的选择项的内容
Value	设置和判断复选框的选择状态。0：未选中；1：选中；2：对复选框操作无效

其他属性如 Top 等与单选钮类似。这里不再重复。

Click 事件是复选框的常用鼠标单击事件。当鼠标单击复选框时，该复选框的选择状态被转换。若原来的状态是选中状态，则变成未选状态；反之，若原来状态是未选状态，则变成选中状态，即其 Value 值在 0，1 之间转换。

例 3-8 建立窗体，窗体中有 5 个复选框，3 个文本框，1 个按钮。

操作步骤：

（1）建立如图 3-13 所示的窗体，窗体内各控件的属性如表 3-6 所示。通过各控件的 Top、Left、Height 和 Width 属性，将窗体内各控件的位置排列整齐。

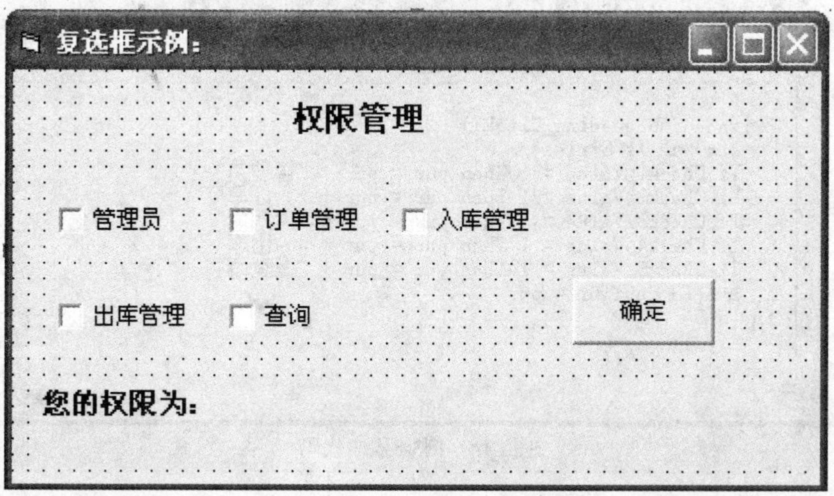

图3-13 例3-8设计窗体

表3-6 例3-8窗体各控件部分属性

控件	属 性	取 值
Check1	Caption	管理员
	Font	常规，小五（默认）
Check2	Caption	订单管理
	Font	常规，小五（默认）
Check3	Caption	入库管理
	Font	常规，小五（默认）
Check4	Caption	出库管理
	Font	常规，小五（默认）
Check5	Caption	查询
	Font	常规，小五（默认）
Label1	Caption	权限管理
	Font	粗体，小四
Label2	Caption	您的权限为：
	Font	粗体，五号
Label3	Caption	（空）
	Font	粗体，五号
Command1	（名称）	queding
	Caption	确定
Form	Caption	单选钮示例：

（2）窗体代码如图 3-14 所示。

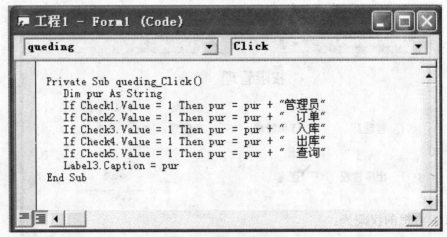

图3-14 例3-8程序代码

（3）运行程序，显示如图 3-15 所示的界面。

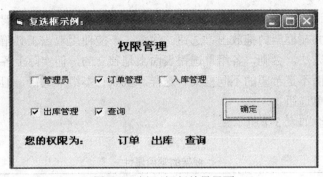

图3-15　例3-8运行结果界面

3.2.3　框架控件

前面介绍过，单选钮是成组使用的，如图 3-11 所示。当选中组中某个单选钮时，其他单选钮无论原来是什么状态，一律都被自动设置成未选状态。如果需要在同一窗体中再设置单选钮并且要求功能独立的话，就很困难了。也就是说，需要在同一窗体中建立几组功能相互独立的单选钮。解决这个问题的方法就是在窗体中设置框架控件（Frame），此时，框架作为单选钮的容器，窗体作为框架的容器，在框架内放置功能相互独立的单选钮。

一个窗体内可以放置多个框架控件。框架内不仅可以放置单选钮，还可以根据设计者的需要放置其他 VB 控件。根据控件完成的功能在窗体设计多个框架也使得窗体的格局和功能更加清晰。

如图 3-16 设计界面所示。图中有 2 个命令按钮 Command1 和 Command2，4 个框架控件 Frame1、Frame2、Frame3 和 Frame4，在 Frame1 和 Frame2 中各有 1 组单选钮，这 2 组单选钮的功能是相互独立的，Frame1 选择的是 Option1 单选钮；Frame2 内选择的是 Option4 单选钮；Frame3 中有 4 个复选框，选中了 Check1、Check3、Check4；Frame4 里有一个图片框和一个文本框。设计的这样窗体功能清晰，界面专业，一目了然。

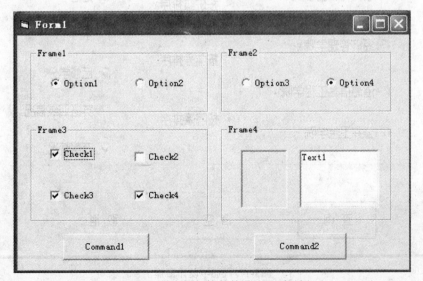

图3-16　带有框架控件的设计界面示例

在这里需要强调指出的是多框架内单选钮的设计步骤：首先设置框架，然后单击工具箱中的单选钮图标，并在框架内拖放出单选钮。注意，不能使用双击工具箱中的单选钮图标，然后拖放入框架的方法，否则，各组单选钮表面上是独立的，但实际上各组单选钮的容器仍然是同一个窗体，而不是希望的不同框架。这样，虽然有多组单选钮，但实际操作时会发现还是只能选中一个单选钮。

框架的常用属性如表 3-7 所示。

表 3-7　　　　　　　　　　　　　　　框架的常用属性

属性名	取　值
Caption	设置框架标题
Enable	设置框架的状态。True（默认）：框架为活动状态，False：框架为非活动状态，框架内所有对象均被屏蔽，不允许用户对其进行操作

其他属性如 Top 等与单选钮类似。这里不再重复。框架的常用事件是鼠标单击事件 Click。

例 3-9　建立窗体，窗体中有 4 个框架，7 个单选钮，5 个复选框，3 个按钮。

操作步骤：建立如图 3-17 所示的窗体，窗体内各控件的属性如表 3-8 所示。通过各控件的 Top、Left、Height 和 Width 属性，将窗体内各控件的位置排列整齐。

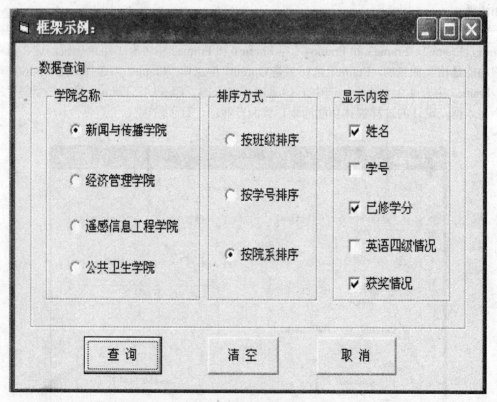

图3-17　例3-9设计窗体

表3-8　　　　　　　　　　　例3-9窗体各控件部分属性

控　件	属　性	取　值
Form1	Caption	框架示例
Frame1	Caption	数据查询
Frame2	Caption	学院名称
Frame3	Caption	排序方式
Frame4	Caption	显示内容
Option1	Caption	新闻与传播学院
Option2	Caption	经济管理学院
Option3	Caption	遥感信息工程学院
Option4	Caption	公共卫生学院
Option5	Caption	按班级排序
Option6	Caption	按学号排序
Option7	Caption	按院系排序
Check1	Caption	姓名
Check2	Caption	学号
Check3	Caption	已修学分
Check4	Caption	英语四级情况
Check5	Caption	获奖情况
Command1	Caption	查　询
Command2	Caption	清　空
Command3	Caption	取　消

第4章 循环结构程序设计

循环是按照给定条件重复执行一组语句。循环控制流程和循环语句往往称为循环结构。譬如，统计一个班几十名甚至全校几千名学生的平均分、不及格人数等，常常用到循环结构描述重复计算问题。

本章从语句的格式、功能和程序设计实例三个方面，介绍循环语句 While…Wend、Do…Loop、For…Next 和 For Each…Next，中途退出循环语句 Exit。并且，介绍循环嵌套即多重循环，定时器 Timer 控件和进度条 ProgressBar 控件。窗体上的操作对象往往称为控件。

4.1 循环语句

VB 提供的循环语句有 While…Wend，Do…Loop，For…Next，For Each…Next。最常用的是 While…Wend 和 For…Next 循环语句。通常，用循环语句进行程序设计称为循环结构程序设计。

4.1.1 循环的基本概念

例如，计算 S=1+2+3+…+1000。比较下列两种程序段：

（1）采用赋值语句，即

  S=1+2+3+4+5+6+7+…+1000

由于中间不能省写，所以显得十分冗长。仔细观察，可见其中有大量的加法重复计算。

（2）采用计数型循环语句，即

```
S=0                     '置 S 初值为 0
For i=1 To 1000         '对于 i 从 1 到 1000，重复地执行
  S=S+i                 'S=S+i
Next i                  'i 自动递增 1；进入下一次重复
```

可见，循环语句易于描述按一定规律重复计算的问题，并且程序结构简单清晰。所以，应当尽量使用循环语句进行循环结构程序设计。

4.1.2 While…Wend（当型）循环语句

格式：While 条件
   [循环体]
   Wend

说明：其中，方括号不是语句的符号，而是语法符号，表示可选项。这里，它表示循环体可以为空。

功能：当条件成立（为真）时，执行循环体；当条件不成立（为假）时，终止循环。被

重复执行的一组语句称为循环体。循环体可以是任何语句或语句组。While…Wend 语句的执行流程如图 4-1 所示。其中，菱形框是条件判断框，矩形框是计算框，箭头表示走向。

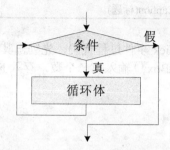

图4-1 While…Wend语句的执行流程

例 4-1 由键盘输入一系列整数，当输入数据为-999 时结束循环。统计输入数据的负数之和，以及负数的平均值。用 Print 直接在窗体上输出结果。

通常，一个 Windows 应用程序设计包括两大部分：①用户界面即窗体设计；②代码设计即计算过程或事件处理过程。

首先，应当分析题意：题目要求做什么，怎么做——先做什么，后做什么？

然后，从整体到局部，逐步求精及逐步细化地完成设计。应当先打草稿，再进入 VB 6.0 创建窗体、控件和属性，以及代码即计算过程或事件处理过程。

例 4-1 的 Windows 应用程序设计如下：

（1）设计窗体、控件及其属性，如图 4-2 所示。拟在窗体上创建一个"开始"按钮控件，使得运行时用户能够单击该按钮，自动执行该按钮的单击事件处理过程，完成输数和统计。

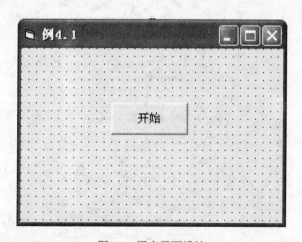

图4-2 用户界面设计

其中，各对象的属性设置详见表 4-1。

表4-1 　　　　　　　　　　　　　　　**例4-1的窗体和控件属性表**

对象(名称)	属　性	属性值
窗体(From1)	Caption(标题)	例4-1
按钮(Command1)	Caption(标题)	开始

（2）为了便于编写按钮的 Click 事件过程代码，先列出其算法即处理步骤如下：

①Sum=0，Aver=0，用 InputBox（）输入第一个数，存入 Num。

②当 Num<>-999 时重复做：

a. 如果 Num<0 则

　Sum=Sum+Num

　Count=Count+1

b. 用 InputBox（）输入下个数，存入 Num，再回到（2）判断。若 Num=-999，则转到第③步。

③如果 Count< >0 则 Aver=Sum/Count。

④输出 Sum、Aver。

算法也可以用流程图描述，这样更加直观，如图 4-3 所示。

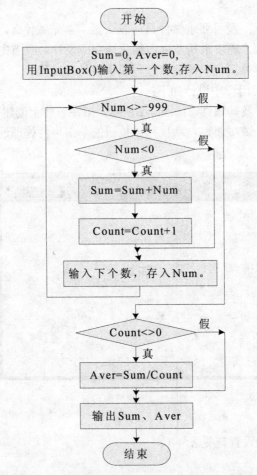

图4-3　用流程图描述的算法

（3）按上列算法，编写"开始"按钮的事件过程 Command1_Click（）如下：

```
Private Sub Command1_Click()
    Dim Num, Sum, Count As Integer
    Dim Aver As Single: Sum=0: Count=0        '定义变量、初值
    Num=Val(InputBox("Enter a Integer Number: "))     '第①步
    While (Num<>-999)                         '第②步
        If Num<0 Then                         'a
            Sum=Sum+Num : Count=Count+1
        End If
        Num=Val(InputBox("Enter a Integer Number: "))  'b
    Wend
    If Count<>0 Then Aver=Sum/Count           '第③步
    Print "Sum="; Sum          '第④步（Print 打印即在窗体上显示结果）
    Print "Aver="; Aver
End Sub
```

在 VB 6.0 中，应当新建一个标准 EXE 工程，创建窗体和"开始"按钮，选择并设置它们的属性，输入"开始"按钮的事件过程 Command1_Click（），运行和调试，直至正确无误。

4.1.3　Do…Loop 循环语句

Do…Loop 有两种格式：前测型循环结构和后测型循环结构。两者区别在于判断条件的先后次序不同。

1. 前测型 Do…Loop 循环

格式：Do [{While|Until} 条件]

　　　　[循环体]

　　　　Loop

功能：do while…loop 表示当条件成立（真）时，执行循环体；当条件不成立（假）时，终止循环。do until…loop 表示当条件不成立（假）时，执行循环体；直到条件成立（真），终止循环。前测型 Do…Loop 语句的执行流程如图 4-4 所示。

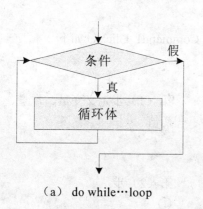

（a）do while…loop

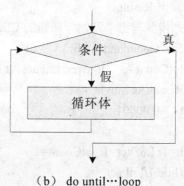

（b）do until…loop

图4-4　前测型Do…Loop语句的执行流程

例 4-2 求 N!并用 Print 直接在窗体上输出结果。

其窗体设计和属性设置与图 4-2 和表 4-1 相同。

"开始"按钮的 Click 事件过程的主要处理步骤如下：

（1）用 InputBox()输入一个正整数，存入 N；为了从 1 开始乘，直到 N，所以设置变量 LnFact 存放每次重复相乘的结果，intCount 存放当前已乘次数，且置初值 LnFact=1；intCount=1。

（2）做（循环）当 intCount<=N：

    ①LnFact = LnFact* intCount

    ②intCount = intCount +1

（3）输出 LnFact。

按上列步骤写出"开始"按钮的 Click 事件过程 Command1_Click()如下：

```
Private Sub Command1_Click()
    Dim N As Integer,IntCount As   Integer, LnFact As Long
    LnFact=1:intCount=1                          '定义变量、初值。
    N=Val(InputBox("Enter N: "))                 '第（1）步
    Do While intCount<=N                         '第（2）步
        LnFact = LnFact * intCount:              '①
        intCount = intCount +1                   '②
    Loop
    Print "Fact="; LnFact                        '第（3）步
End Sub
```

例 4-3 求 e=1+1/1!+1/2!+…+1/n!，直到 1/n!<0.00001。用 Print 直接在窗体上输出结果。设计窗体和属性与图 4-2 和表 4-1 相同。

"开始"按钮的 Click 事件过程的主要处理步骤如下：

（1）设置常量 C=0.00001；设置变量及其初值：Result=1；LnFact=1；intCount=1。

（2）做（循环）当 1/LnFact>=C：

    ①Result = Result+1/LnFact

    ②intCount = intCount +1

    ③LnFact = LnFact* intCount

（3）输出 Result。

按上列步骤写出"开始"按钮的 Click 事件过程 Command1_Click()如下：

```
Private Sub Command1_Click()
    Dim IntCount As   Integer, LnFact As Long
    Dim Result As Single                         '第（1）步定义变量、常量、
    Const C=0.00001                              '初值

    Result=1: LnFact=1: intCount=1
    Do While 1/LnFact>=C                         '第（2）步
        Result = Result+1/LnFact                 '①
        intCount = intCount +1                   '②
```

```
        LnFact = LnFact* intCount                          '③
    Loop
    Print "e="; Result                                     '第（3）步
End Sub
```

例 4-4 求 $S = 1^2 + 2^2 + \cdots + 100^2$。用 Do While…Loop 语句计算，用 Print 直接在窗体上输出结果。

由于不必在窗体上创建"开始"按钮，也可以在窗体加载时进行计算。所以，编写窗体的加载事件过程 Form_Load()，代码如下：

```
Private Sub Form_Load()
    Dim n As Integer, s As Long
    Show    '在窗体加载时计算并在窗体上显示结果，必须用 Show 以显示窗口及结果。
    n = 1: s = 0
    Do While n <= 100
        s = s + n * n
        n = n + 1
    Loop
    Print "s="; s
End Sub
```

运行结果：

S＝338350

例 4-5 用 $\pi/4 = 1 - 1/3 + 1/5 - 1/7 + \cdots$ 级数，求 π 的近似值。当最后一项的绝对值小于 10^{-5} 时，停止计算。用 Print 直接在窗体上输出结果。

不在窗体上创建"开始"按钮，直接为窗体的加载事件过程 Form_Load()，编写程序代码如下：

```
Private Sub Form_Load()
    Show      '在窗体加载时计算并在窗体上显示结果，必须用 Show 以显示窗口及结果。
    Dim pi As Single, n As Long, s As Integer
    pi = 0 : n = 1 : s = 1
    Do While n <= 100000                            '或 1/n>=0.00001
        pi = pi + s / n
        s = -s
        n = n + 2
    Loop
    Print "π="; pi * 4
End Sub
```

运行结果：

π＝3.141575

2. 后测型 Do…Loop 循环

格式：Do

　　　　循环体

Loop [{While|Until}条件]

功能：先执行循环体，然后判断条件，根据条件决定是否继续执行循环。do…loop while 表示先执行一次循环体，当条件成立（真）时，再执行循环体；当条件不成立（假）时，终止循环。do…loop until 表示先执行一次循环体，当条件不成立（假）时，再执行循环体；直到条件成立（真），终止循环。

注意：前测型 Do…Loop 语句执行循环体的最少次数为 0（即可能一次都不执行循环体），而后测型 Do…Loop 语句执行循环体的最少次数为 1。后测型 Do…Loop 语句的执行流程如图 4-5 所示。

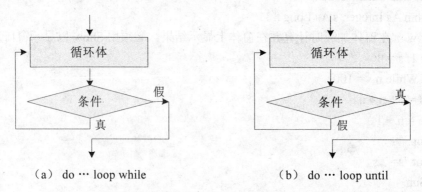

（a）do … loop while　　　　　　（b）do … loop until

图4-5　后测型Do…Loop语句的执行流程

例 4-6　求两个正整数 m 和 n 的最大公约数。分别用文本框输入/输出结果。

算法：可运用"辗转相除法"算法——求出 m/n 余数 r，若 r＝0，n 即为最大公约数；若 r 非 0，则把原来的分母 n 作为新的分子 m，把余数 r 作为新的分母 n，重复求解。

程序设计如下：

（1）创建应用程序的用户界面和设置对象属性，如图 4-6 所示。

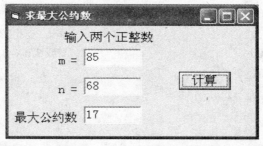

图4-6　例4-6的窗体设计

（2）编写"计算"按钮的 Click 事件过程代码如下：

```
Private Sub Command1_Click()
    Dim m As Integer, n As Integer, r As Integer
    m = Val(Text1.Text)   :   n = Val(Text2.Text)
    If  m <= 0  Or  n <= 0  Then
```

```
       MsgBox（"数据错误！"）
       End
   End If
   Do
       r = m Mod n
       m = n
       n = r
   Loop Until r = 0
   Text3.Text = m
End Sub
```

若输入的 m 和 n 的值为 85 和 68，则运行结果如图 4-6 所示。

4.1.4 循环中途退出

格式：Exit {For|Do}。

功能：从 For 循环或 Do 循环中退出。往往用于中途退出循环。

当程序运行时遇到 Exit 语句时，就不再执行循环体中的任何语句而直接退出，转到循环语句(Next、Loop)的下面继续执行。

例 4-6 的循环语句可以改写为：

```
Do
   r = m Mod n
   If  r = 0   Then
       Exit Do
   End If
   m = n
   n = r
Loop Until r = 0
Text3.Text = n
```

例 4-7 设计一个"累加器"程序。把每次输入的数累加，在文本框里显示累加结果。当输入−1 时结束程序的运行，并且用消息框（MsgBox）显示"累加运算结束"。

（1）创建应用程序的用户界面和设置对象属性，如图 4-7 中的 Form1 窗体。

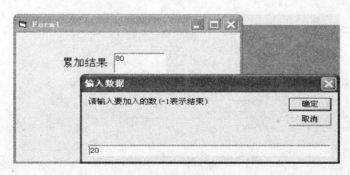

图4-7　例4-7的窗体设计

（2）不在窗体上创建"开始"按钮，直接为窗体的加载事件过程 Form_Load()编写程序代码如下：

```
Private Sub Form_Load()
    Show       ' 在窗体加载时计算并在窗体上显示结果，必须用 Show 以显示窗口及结果
    Sum = 0
    Do While True        ' 条件总为真，循环无休止进行下去，中途用 Exit 退出循环
        x = Val(InputBox("请输入要加入的数（-1 表示结束)","输入数据"))
        If x = -1 Then
            Exit Do
        End If
        Sum = Sum + x
        Text1.Text = Sum
    Loop
    MsgBox（"累加运算结束。"）
End Sub
```

其中：以-1 作为"循环终止标志"，且用 Exit 退出循环，继续执行后继语句 MsgBox。

4.1.5　For…Next 循环语句

格式：　For 循环变量＝初值 To 终值 [Step 步长值]

　　　　　[循环体]

　　　　Next [循环变量]

功能：本语句指定循环变量取一系列数值，并且对循环变量的每一个值，把循环体执行一次。即按指定次数计数式执行循环体，也称为计数型循环。For…Next 语句的执行流程如图 4-8 所示。

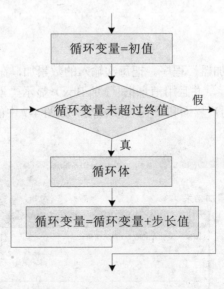

图4-8　For…Next语句的执行流程

其中，初值、终值和步长值都是数值表达式。步长值是计数增量，它可以是正数，表示递增式循环，当循环变量的值大于终值时，终止循环；也可以是负数，表示递减式循环，当循环变量的值小于终值时，终止循环。若步长值为 1，则 Step 1 可以省略。Next 表示进入下一次循环，Next 后面的循环变量便于与 For 后面的循环变量相对应，可以省略。

由图 4-8 可见，For…Next 语句的执行步骤如下：

（1）求出初值、终值和步长值，并保存起来。

（2）将初值赋给循环变量。

（3）判断循环变量值是否超过终值（步长值为正时，指大于终值；步长值为负时，指小于终值）。超过终值时，退出循环，执行 Next 之后的语句。

（4）执行循环体。

（5）遇到 Next 语句时，自动修改循环变量的值，即把循环变量的当前值，加上步长值，再赋给循环变量。

（6）转到（3），再去判断循环条件。

例 4-8 在窗体上显示 2 至 10 之间各偶数的平方数，用 Print 直接在窗体上输出结果。

窗体的加载事件过程 Form_Load() 的程序代码如下：

```
Private Sub Form_Load()
    Dim k As Integer
    Show ' 在窗体加载中计算并在窗体上显示结果，必须用 Show 以显示窗口及结果。
    For k = 2 To 10 Step 2
        Print k * k
    Next k
End Sub
```

运行结果如下：

```
4
16
36
64
100
```

说明：

上述程序，循环变量 k 的初值、终值和步长值分别为 2、10 和 2，即从 2 开始，每次加 2，到 10 为止，控制循环 5 次。每次循环都将循环体(Print k*k)执行一次。

例 4-9 求 $S = 1 + 2 + 3 + \cdots + 8$ 。用 Print 直接在窗体上输出结果。

窗体的加载事件过程 Form_Load() 的程序代码如下：

```
Private Sub Form_Load()
    Show
    s = 0
    For k = 1 To 8
        s = s + k
    Next k
    Print "s="; s
```

```
End Sub
```

运行结果如下：

```
    s＝36
```

例 4-10　求 T = 8! = 1×2×3×···×8。采用 Print 直接在窗体上输出结果。

窗体的加载事件过程 Form_Load() 的程序代码如下：

```
Private Sub Form_Load()
    Show
    t = 1
    For c = 1 To 8
        t = t * c
    Next c
    Print "T="; t
End Sub
```

运行结果如下：

```
    T＝40320
```

语句 t=t*c 也称为乘法器。先将 t 置 1（因为 0 乘以任何数得 0，所以其初值不能置 0）。在循环程序中，常用累加器和累乘器来完成各种计算任务，其初值通常为 0 和 1。

例 4-11　用 $\pi/4＝1-1/3 + 1/5-1/7 + \cdots$ 级数，求 π 的近似值，取前 5000 项进行计算。用 Print 直接在窗体上输出结果。

窗体的加载事件过程 Form_Load() 的程序代码如下：

```
Private Sub Form_Load()
    Show
    Dim pi As Single, c As Integer, s As Integer
    pi = 0
    s = 1                                        's 表示加或减运算。
    For c = 1 To 10000 Step 2
        pi = pi + s / c
        s = -s                                   ' 交替改变加、减号。
    Next c
    Print "π="; pi * 4
End Sub
```

运行结果如下：

```
    π＝3.141397
```

例 4-12　用 100 元买 100 只鸡，母鸡 3 元 1 只，小鸡 1 元 3 只，问各应买多少只？用 Print 直接在窗体上输出结果。

下面采用"穷举法"来解此题。具体做法是：

从所有可能解中，逐个进行试验，若满足条件，就得到一个解，否则不是。直到条件满足或判别出无解为止。

令母鸡为 x 只，小鸡为 y 只，根据题意可知：

$$y = 100 - x$$

首先，置 x 初值为 1，然后逐次加 1，求 x 为何值时，条件 3x+y/3=100 成立。如果当 x 达到 30 时还不能使条件成立，则可以断定此题无解。

窗体的加载事件过程 Form_Load（）的程序代码如下：

```
Private Sub Form_Load()
    Dim x As Integer, y As Integer
    Show
    For x = 1 To 30
        y = 100 - x
        If  3 * x + y / 3 = 100   Then
            Print "母鸡只数为: "; x,
            Print "小鸡只数为: "; y
        End If
    Next x
End Sub
```

运行结果如下：

母鸡只数为：25   小鸡只数为：75

下面，对上述三种循环语句进行比较。

例 4-13   求和 s = 1 + 2 + 3 + ⋯ + 8。

（1）前测型。

```
s=0:k=1
While k<=8
    s=s+k
    k=k+1
Wend
Print s
```

（2）前测型 Do⋯Loop。

```
s=0:k=1
Do While k<=8
    s=s+k
    k=k+1
Loop
Print s
```

（3）后测型 Do⋯Loop。

```
s=0 : k=1
Do
    s=s+k
    k=k+1
Loop While k<=8
Print s
```

（4）计数型 For⋯Next。

```
    s=0
    For k=1 to 8
        s=s+k
        Next k
    Print s
```

可见，虽然三者都可以描述计数循环。但是，采用计数型循环语句 For…Next 较为简捷。如果描述条件控制循环，则应采用当型或条件型循环语句 While…Wend 或 Do…Loop。

4.1.6　多重循环

多重循环是指循环体内含有循环语句的循环。

例 4-14　多重循环程序示例：用 Print 在窗体上显示二重循环的循环变量 i,j 的值。

```
Private Sub Form_Load()
    Show
    For i = 1 To 3                              ' 外循环
        For j = 5 To 7                          ' 内循环
            Print i, j
        Next j
    Next i
End Sub
```

运行结果如下：

```
    1        5
    1        6
    1        7
    2        5
    2        6
    2        7
    3        5
    3        6
    3        7
```

注意：内、外循环必须层次分清。只能外层包含内层（嵌套），不能外层和内层相互交叉。例 4-13 的处理流程如图 4-9 所示。

例 4-15　打印"九九乘法表"。用 Print 直接在窗体上输出结果，如图 4-10 所示。

窗体的加载事件过程 Form_Load() 的程序代码如下：

```
Private Sub Form_Load()
    Show
    FontSize = 15                              ' 设置字号
    Print Tab(12); "九九乘法表"                  ' 输出标题
    FontSize = 12
    Print                                      ' 输出空行
    For k = 0 To 9
```

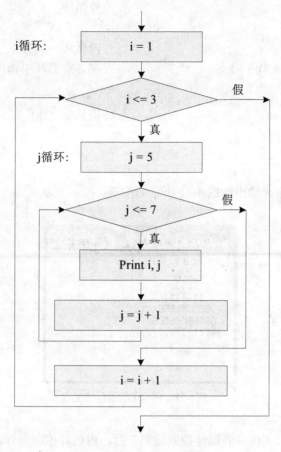

图4-9 例4-13的处理流程

图4-10 例4-15的运行结果

```
  Print Tab(k * 4); k;                        ' 输出第一行数字
Next k
Print                                         ' 换行
```

```
    For j = 1 To 9                          ' 外循环
        Print j;
        For k = 1 To j                      ' 内循环
            Print Tab(k * 4); j * k;        ' 在二重循环中输出乘积
        Next k
        Print                               ' 换行
    Next j
End Sub
```

例 4-16 编一程序，输出如图 4-11 所示的图形。

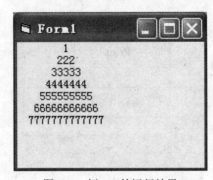

图4-11　例4-16的运行结果

可采用二重循环来实现。外循环控制输出 7 行，内循环控制每行输出要求的字符数。

在进入内循环之前，使用 Print Tab( )来对起始输出位置定位，退出内循环后，使用 Print 来控制换行。

窗休的加载事件过程 Form_Load( )的程序代码如下：

```
Private Sub Form_Load()
    Show
    For i = 1 To 7                          ' 外循环控制输出 7 行
        Print Tab(10 – i);
        For j = 1 To 2 * i – 1              ' 内循环控制每行输出要求的字符数
            Print Chr(i + 48);
        Next j
        Print
    Next i
End Sub
```

思考：Print Chr(i+48)与 Print i 有何不同？

例 4-17 取 1 元、2 元、5 元的硬币共 10 枚，付给 25 元钱，有多少种不同的取法?

（1）分析：设 1 元硬币为 a 枚，2 元硬币为 b 枚，5 元硬币为 c 枚，可列出方程：

$$\begin{cases} a+b+c=10 \\ a+2b+5c=25 \end{cases}$$

采用两重循环，外循环变量 a 从 0～10，内循环变量 b 从 0～10。

（2）创建应用程序的用户界面：在窗体上创建一个标签，设置其 Caption 属性为"取 1元、2 元……的取法？"，使程序中用 Print 方法把结果输出在其下方，如图 4-12 所示。

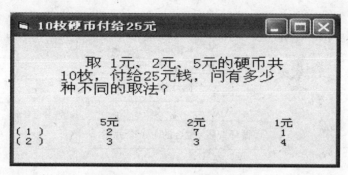

图4-12 例4-17的运行结果

（3）编写程序代码如下：

```
Private Sub Form_Load()
    Show
    CurrentX = 0 : CurrentY = 1500                      ' 确定开始显示的坐标
    Print   ,"5 元","2 元","1 元"
    n = 0                                               ' 记录解的组数
    For a = 0 To 10
      For b = 0 To 10
        c = 10 – b – a
        If a + 2 * b + 5 * c = 25 And c >= 0 Then
          n = n + 1
          Print " ("; n; ")", c, b, a
        End If
    Next b, a
End Sub
```

*4.1.7 For Each…Next 循环

格式：For Each 元素 In 集合
        [语句]
        Next [元素]

功能：对于集合中的每个元素或对象，重复执行一组语句。For Each…Next 语句的执行流程如图 4-13 所示。

说明：

（1）"元素"是必选项。它是一个变量，用于循环访问集合的元素。元素的数据类型必须是变体类型（Variant）。若未声明元素的数据类型，则元素默认为变体类型。

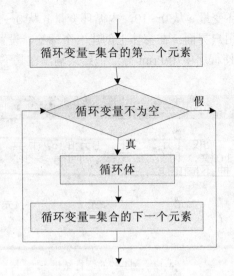

图4-13　For Each…Next语句的执行流程

（2）"集合"是必选项。它是一个对象或数组变量，必须引用对象集合或数组（参见第 5 章）。

（3）"语句"是可选项。它是针对集合中的每个元素执行的零到多条语句。

（4）如果在集合内至少有一个元素，则进入 For Each…Next 循环。一旦进入该循环，则针对集合内的第一个元素执行语句；如果集合内有更多元素，则继续针对每个元素执行循环内的语句。当没有更多元素时，终止循环并且继续执行 Next 语句后面的语句。

（5）可以在循环中的任何位置放置任意多个 Exit For 语句，以作为退出的替代方式。Exit For 经常在计算某个条件（例如，用 If…Then…Else 语句）之后使用，并且 Exit For 转到紧接在 Next 之后的语句，并且继续执行 Next 语句后面的语句。

（6）可以将一个 For Each…Next 循环放在另一个 For Each…Next 循环内以嵌套该循环。每个循环必须具有唯一的元素变量。

例 4-18　用 For Each…Next 循环，求整型数组 A(5)={1，2，3，4，5}的所有元素之和。窗体的加载事件过程 Form_Load() 的程序代码如下：

```
Private Sub Form_Load()
    Dim A(5) As Integer
    Dim Sum As Integer
    Show
    A(0) = 1
    A(1) = 2
    A(2) = 3
    A(3) = 4
    A(4) = 5
    For Each Ele In A          ' 因未声明元素变量 Ele，故其默认为变体类型
        Sum = Sum + Ele
```

```
        Next Ele
        Print "Sum="; Sum
    End Sub
```

运行结果如下：

```
    Sum=15
```

例 4-19 建立一个由英文单词组成的集合，用输入框输入要查找的某个英文单词，用 For Each…Next 语句，依次搜索集合中的单词，以查找用输入框指定的某个英文单词。

```
Private Sub Command1_Click()
    Dim Found As Boolean
    Dim Str As String
    ' 建立一个由英文单词组成的集合：
    Dim MyCollection As New Collection        ' 声明集合变量 MyCollection。
    Dim w, x, y, z As String
    w = "Wow!"
    x = "It's"
    y = "A"
    z = "Collection"
    MyCollection.Add (w)
    MyCollection.Add (x)
    MyCollection.Add (y)
    MyCollection.Add (z)
    Show
    Found = False
    Str = InputBox("请输入一个单词：")
    For Each Ele In MyCollection        ' 因未声明元素变量 Ele，故其默认为变体类型
        If Ele = Str Then               ' 判断：查到输入框指定的英文单词否？
            Found = True                '   若查到则置 Found 为 True，且退出循环
            Exit For
        End If
    Next
    Print "Found="; Found
End Sub
```

说明：

（1）集合 Collection 是 VB 中已有的对象类型，New Collection 用来声明或创建——集合即对象变量 MyCollection。也就是，用类型声明变量，用变量存放数据。

（2）元素变量 Ele 未声明，其默认为变体类型。用 For Each…Next 语句，能使元素变量 Ele，依次获取集合 MyCollection 的各个英文单词，逐个判断，直至查到为止。

4.2 控件

本节介绍 Timer 定时器控件和 ProgressBar 进度条控件。Timer 控件通过引发其 Timer 事件，有规律地隔一段时间执行一次 Timer 事件过程，以便定时地自动执行某项任务。ProgressBar 进度条控件从左到右或从上到下用一些方块填充矩形，形象地反映出一个较长操作的进度。

4.2.1 定时器控件

1. 定时器控件的用途

定时器控件(Timer)每隔一定的时间间隔产生一次 Timer 事件，可称为定时事件。在程序中，可以根据这个特性来定时控制某些操作。

定时器控件在设计时显示为一个小定时器图标，而在运行时并不显示在屏幕上。通常，另设标签或文本框来显示时间。

2. 常用属性

Enabled 属性：确定定时器控件是否可用。

Interval 属性：设置两个 Timer 事件之间的时间间隔，其值以毫秒（1ms=1/1000s）为单位。

例如，如果希望每半秒钟产生一个 Timer 事件，那么 Interval 属性值应设置为 500，这样每隔 500ms 就会触发一次 Timer 事件，从而执行相应的 Timer 事件过程，从而定时完成预定的任务。

3. 事件

定时器控件只响应一个 Timer 事件。也就是说，定时器控件对象在间隔了一个 Interval 设定时间后，便触发一次 Timer 事件。

例 4-20 建立一个电子时钟。

（1）创建应用程序的用户界面和设置对象属性。

如图 4-14 所示，在窗体上创建一个定时器控件和一个文本框。将定时器控件 Timer1 的 Interval（间隔）属性值设定为 1000（1 秒钟），将文本框控件 Text1 的 Text（文本）属性值设定为空，Font（字体）属性值设定为二号字，使得 Timer 事件过程每隔 1 秒钟，便被自动执行一次，并且用二号字显示当前时间。

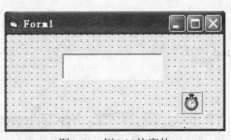

图4-14　例4-20的窗体

（2）编写 Timer 事件过程：

```
Private Sub Timer1_Timer()
    Text1.Text = Time                      ' Time 是时间函数，用以获取当前系统时间
End Sub
```

运行结果如图 4-15 所示。

图4-15　例4-20的运行结果

例 4-21　电子倒计时器控件。先由用户给定倒计时的初始分秒数，然后开始倒计时，当计到 0 分 0 秒时，通过消息对话框显示"倒计时结束"。

（1）如图 4-16 所示，在窗体上建立一个定时器控件（Timer1）、两个标签、两个文本框（Text1 和 Text2）和一个命令按钮（Command1）。

在窗体设计时，使用定时器控件的默认属性值：Enabled 属性值为 True, Interval 属性值为 0。

在窗体加载过程中，修改 Enabled 属性值为 False，使得起初关闭定时器控件,待单击"倒计时"按钮才开始计时，并且修改 Interval 属性值为 1000。

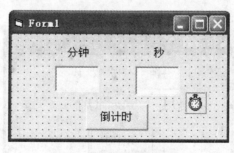

图4-16　例4-21的窗体

（2）编写下列 3 个事件过程：

```
Dim m As Integer, s As Integer        '声明模块级变量 m（分）和 s（秒），用于各过程
Private Sub Form_Load()               ' ①窗体加载事件过程
    Timer1.Interval = 1000            ' 设置每隔 1 秒触发 1 次 Timer 事件
    Timer1.Enabled = False            ' 起初，关闭定时器控件
End Sub

Private Sub Command1_Click()          ' ②"倒计时"按钮的单击事件过程
    m = Val(Text1.Text)
```

```
    s = Val(Text2.Text)
    Timer1.Enabled = True                    ' 打开定时器控件
End Sub


Private Sub Timer1_Timer()                   ' ③定时器的定时事件过程
    If s > 0 Then
        s = s - 1
    Else
        If m > 0 Then
            m = m - 1
            s = 59
        End If
    End If
    Text1.Text = Format(m, "00")             ' 使分 m 或秒 s 以两位整数的格式显示
    Text2.Text = Format(s, "00")
    If s = 0 And m = 0 Then
        Beep                                 ' 响铃，即让喇叭发一声响
        MsgBox "计时结束"
        Unload Me                            ' 卸载（关闭）"倒计时"窗体
    End If
End Sub
```

运行结果如图 4-17 所示。

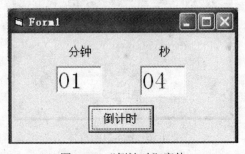

图4-17   "倒计时"窗体

例 4-22   利用定时器控件按指定的间隔时间对字体进行放大。

（1）创建应用程序的用户界面和设置对象属性。

在窗体上创建一个定时器控件和一个标签控件。定时器控件 Timer1 采用默认的属性值：Enabled 属性值为 True(真)，Interval 属性值为 0。

（2）编写下列两个事件过程：

```
Private Sub Form_Load()                      ' ①窗体加载事件过程
    Label1.Caption = "放大"                   ' 起初，在标签上显示"放大"二字
    Label1.Width = Form1.Width               ' 把标签的高度和宽度改为与窗体相同的尺寸
```

```
    Label1.Height = Form1.Height
    Timer1.Interval = 800
End Sub

Private Sub Timer1_Timer()          '②定时器的定时事件过程
    If   Label1.FontSize < 140 Then   ' 若字号小于 140，则放大 1.2 倍，否则为 8
       Label1.FontSize = Label1.FontSize * 1.2
    Else
       Label1.FontSize = 8
    End If
End Sub
```

运行结果如图 4-18 所示。

图4-18　定时放大显示"放大"二字

4.2.2　进度条控件

在 Windows 及其应用程序中，当执行一个耗时较长的操作时，通常会用进度条控件显示事务处理的进程。

ProgressBar 控件通过在水平或垂直条中显示适当数目的矩形来指示进程的进度。进程完成时，进度条被填满。进度条通常用于帮助用户了解等待一项长时间的进程完成所需的时间。譬如，在加载大文件时，可将进度条控件的最大值属性设置为以 KB 为单位的文件大小。

ProgressBar 控件的主要属性有 Min、Max 和 Value。Min 和 Max 属性设置进度条可以显示的最大值和最小值。Value 属性表示进程的当前进度值。因为控件中显示的进度条由块构成，所以 ProgressBar 控件显示的值只是约等于 Value 属性的当前值。

更新当前进度值的最常用方法是在程序中编写代码设置 Value 属性。Value 属性的初值自动设置为 Min 的值，并且 Value 属性的值必须在 Min 和 Max 之间。如果将 Min 属性设置为 10，将 Max 属性设置为 100，那么，当 Value 属性为 50 时，则显示进度条的 50% 个矩形，当 Value 属性为 100 时，则显示进度条的 100% 个矩形。

由于在默认的工具箱中，并没有进度条控件工具。所以，在窗体上首次创建进度条控件之前，必须添加 Microsoft Windows Common Controls 6.0 部件。具体操作如下：

（1）如图 4-19 所示，将鼠标指向工具箱下面的空白处，单击鼠标右键，单击"部件"。

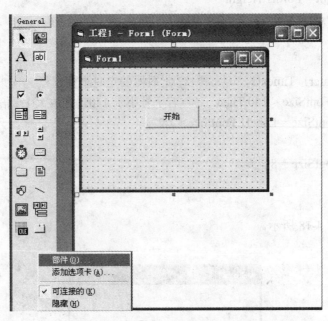

图4-19 在工具箱下面的空白处，单击鼠标右键，单击"部件"

（2）如图 4-20 所示，出现"部件"对话框，选中"Microsoft Windows Common Controls 6.0"（Microsoft Windows 公共控件 6.0），单击"确定"。

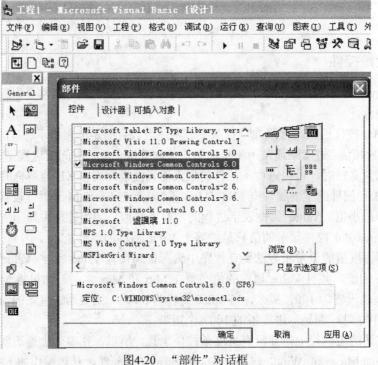

图4-20 "部件"对话框

（3）如图 4-21 所示，在工具箱下面新增了 ProgressBar 等控件工具。此后，双击 ProgressBar 工具，即可在窗体上添加进度条控件。

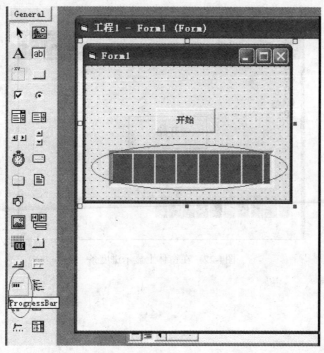

图4-21 在工具箱下面新增了ProgressBar，双击它可在窗体上添加进度条控件

例 4-23 使用循环计数，控制进度条显示。

（1）设计并创建该程序的窗体、控件和属性，如图 4-21 所示。

（2）编写窗体加载和按钮单击的事件过程如下：

```
Private Sub Form_Load()
    ProgressBar1.Visible = False
End Sub
```

```
Private Sub Command1_Click()
' 声明计数变量 Counter 和设置属性值：
    Dim Counter As Integer
    ProgressBar1.Min = 10
    ProgressBar1.Max = 100
    ProgressBar1.Visible = True
    Show
' 循环计数，控制进度显示：
    For Counter = 10 To 50 Step 10
        Print Counter
        ProgressBar1.Value = Counter
```

```
      Next Counter
End Sub
```

运行结果如图 4-22 所示。

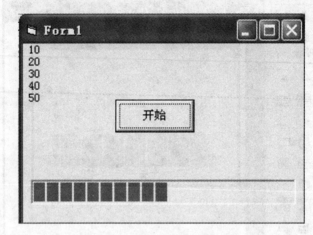

图4-22   在窗体上显示进度条

第5章　数　　组

5.1　基本概念及语法

1. 引例

一个班有 30 个学生，求这个班的平均成绩及超过平均成绩的人数。如果用一般变量来表示成绩，需要用 30 个变量，如：score1，score2，…，score30。若用数组，可以只用一个来表示，如 score（1 To 100），s[15]表示第 15 个学生的成绩。使用数组可以使用相同的名字通过下标引用一系列的变量。在许多场合可以通过使用数组简化和缩短程序。如果将数组和循环结合起来可以有效地处理大批量的数据，大大提高工作效率，十分方便。

2. 基本概念

数组：是同类型变量的一个有序的集合。如：A（1 To 100），表示一个包含 100 个数组元素的名为 A 的数组。

数组元素：指数组中的变量。用下标表示数组中的各个元素。

表示方法：数组名（P1，P2，…）

其中 P1、P2 表示元素在数组中的排列位置，称为"下标"。

如：A（3，2）代表二维数组 A 中第 3 行第 2 列上的那个元素。

数组维数：由数组元素中下标的个数决定，1 个下标表示一维数组，2 个下标表示二维数组。VB 中有一维数组，二维数组，…，最多 60 维数组。

下标：下标表示顺序号，每个数组元素都有一个唯一的顺序号，下标不能超过数组声明时的上、下界范围。下标可以是整型的常数、变量、表达式，甚至又是一个数组元素。下标的取值范围是：下界 To 上界 ，缺省下界时，系统默认取 0。

3. 数组声明

数组必须先声明后使用。声明数组就是让系统在内存中分配一个连续的区域，用来存储数组元素。

声明内容：

数组名、类型、维数、数组大小。

一般情况下，数组中各元素类型必须相同，但若数组为 Variant 时，可包含不同类型的数据。

静态数组：声明时确定了大小的数组。

动态数组：声明时没有给定数组大小（省略了括号中的下标），使用时需要用 ReDim 语句重新指出其大小。 使用动态数组的优点是根据用户需要，有效地利用存储空间，它是在程序执行到 ReDim 语句时才分配存储单元，而静态数组则在程序编译时分配存储单元。

5.1.1 静态数组

1. 一维数组

静态一维数组的声明形式：

Dim 数组名（下标）[As 类型]

说明：

（1）下标必须为常数，不可以为表达式或变量。

（2）下标下界最小为-32768，最大上界为 32767；省略下界，其默认值为为 0，一维数组的大小为：上界-，下界+1。

（3）如果省略类型，则为变体型。

例如：（1）Dim A（10） As Integer

声明了 A 是数组名，整型，一维数组，有 11 个元素，下标的范围是 0～10。

（2）Dim B（-3 To 5）As String*3

声明了 B 是数组名，字符串型，一维数组，有 9 个元素，下标的范围是-3～5，每个元素最多存放 3 个字符。

2. 多维数组

静态多维数组的声明形式：

Dim 数组名（下标 1[，下标 2…]） [As 类型]

说明：（1）下标个数决定数组的维数，最多 60 维。

（2）每一维的大小=上界-下界+1；数组的大小=每一维大小的乘积。

例如：Dim C（-1 To 5，4）As Long

声明了 C 是数组名，长整型，二维数组，第一维下标范围为-1～5，第二维下标的范围是 0～4，占据 7×5 个长整型变量的空间。

例如：Dim D（5，4）As Single

声明了 D 是数组名、字符串型、二维数组、第一维下标范围为 0～5，第二维下标的范围是 0～4，占据 6×5 个单精度型变量的空间。

3. 注意事项

（1）在有些语言中，下界一般从 1 开始，为了便于使用，在 VB 的窗体层或标准模块层用 Option Base n 语句可重新设定数组的下界，如 Option Base 1。

（2）在数组声明中的下标关系到每一维的大小，是数组说明符，而在程序其他地方出现的下标为数组元素，两者写法相同，但意义不同。

（3）在数组声明时的下标只能是常数，而在其他地方出现的数组元素的下标可以是变量。

（4）获得数组的最大与最小下标。利用 LBound 函数与 UBound 函数可以分别来获得数组的最小与最大下标，其语法是：

LBound(arrayname[, dimension])

UBound(arrayname[, dimension])

arrayname 必需的。数组变量的名称，遵循标准的变量命名约定。

dimension 可选的。指定返回哪一维的下界。1 表示第一维，2 表示第二维，以此类推。如果省略 dimension，就认为是 1。

4. 静态数组使用示例

例 5-1　统计某班（假设 30 人）程序设计课程考试的平均成绩，并输出高于平均分的成绩。

```
const num = 30
dim a(1 to num) as integer, sum%,ave!,i%,n%
sum=0
for i =1 to num
    a(i)=val(inputbox("请输入第"&i&"个学生的成绩"))
    sum = sum + a(i)
next i
ave = sum/num
print "平均成绩:";ave
n=0
for i = 1 to num
    if a(i)>ave then
    print a(i)
    n = n+1
    if n mod 5= 0 then print
    end if
next i
```

例 5-2　创建一个窗体，单击窗体，在输入对话框中分别输入三个整数，程序将输出三个数中的中间数，如图 5-1 所示。

图5-1　求数组元素平均值

```
Option Base 1
Private Sub Form_Click()
    Dim a(3) As Integer
```

计算机公共课系列教材

```
    Print "输入的数据是：";
    For i=1 To 3
        a(i)=InputBox("输入数据")
        Print a(i);
    Next
    Print
    If a(1)<a(2) Then
        t=a(1)
        a(1)=a(2)
        a(2)=t
    End If
    If a(2)>a(3) Then
        m=a(2)
    Else If a(1)>a(3) Then
        m=a(3)
    Else
        m=a(1)
    End If
    Print "中间数是：";m
End Sub
```

例 5-3　在窗体上画两个名称分别为 Command1 和 Command2、标题分别为"初始化"和"求和"的命令按钮。程序运行后，如果单击"初始化"命令按钮，则对数组 a 的各元素赋值；如果单击"求和"命令按钮，则求出数组 a 的各元素之和，并在文本框中显示出来，如图 5-2 所示。

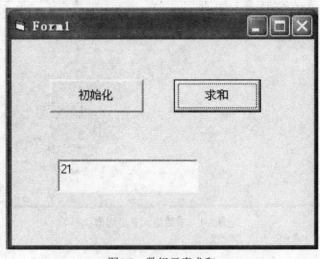

图5-2　数组元素求和

Option Base 1

```
Dim a(3,2) As Integer

Private Sub Command1_Click()
For i=1 To 3
    For j=1 To 2
        a(i,j)=i+j
    Next j
Next i
End Sub

Private Sub Command2_Click()
For j=1 To 3
    For i=1 To 2
        s=s+a(j,i)
    Next i
Next j
Text1.Text=s
End Sub
```

例 5-4　产生 10 个随机数放在数组里，然后用选择法对这 10 个数进行升序排列后输出，如图 5-3 所示。

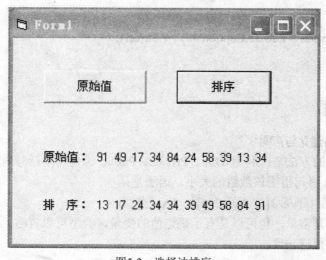

图5-3　选择法排序

```
Option Base 1
Dim a(10)    As Integer
Private Sub Command1_Click()
    Label1.Caption = "原始值： "
    Dim i As Integer
```

```
        Randomize
        For i = 1 To 10
            a(i) = 1 + Rnd * 100
            Label1.Caption = Label1.Caption + " " + Str(a(i))
        Next
      End Sub
      Private Sub Command2_Click()
    Label2.Caption = "排    序："
      Dim i, j As Integer
    Dim min, temp As Integer
    For i = 1 To 9
        min = a(i)
        For j = i + 1 To 10
            If min > a(j) Then
                temp = a(j)
                a(j) = min
                min = temp
            End If
        Next
        a(i) = min
    Next
    For i = 1 To 10
        Label2.Caption = Label2.Caption + " " + Str(a(i))
    Next
    End Sub
```

5.1.2　动态数组

1. 动态数组的建立与声明

建立动态数组的方法是：利用 Dim、Private、Public 语句声明括号内为空的数组，然后在过程中用 ReDim 语句指明该数组的大小。语法是：

ReDim 数组名（下标 1[，下标 2…]） [As 类型]

其中下标可以是常量，也可以是有了确定值的变量，类型可以省略，若不省略，必须与 Dim 中的声明语句保持一致。

例如：Dim D（） As Single　　　　　　'定义动态数组

　　　Sub Form_Load（）

　　　　……

　　　ReDim D（4，6）　　　　　　'定义数组的大小

　　　　……

　　　End Sub

例如：Dim a（） As Integer　　　　　'定义动态数组

```
    ReDim a(1 to 5)                    '定义数组的大小
    Dim i as integer
    For i=0 To 5
        a(i)=i
    Next i
```

2. 注意事项

（1）在动态数组 ReDim 语句中的下标可以是常量，也可以是有了确定值的变量。

（2）在过程中可以多次以使用 ReDim 语句反复地改变数组的元素以及维数的数目，但是不能在将一个数组定义为某种数据类型之后，再使用 ReDim 将该数组改为其他数据类型，除非是 Variant 所包含的数组。如果该数组确实是包含在某个 Variant 中，且没有使用 Preserve 关键字，则可以使用 As type 子句来改变其元素的类型，但在使用了此关键字的情况下，是不允许改变任何数据类型的。

（3）每次使用 ReDim 语句都会使原来数组中的值丢失，可以在 ReDim 语句后加 Preserve 参数来保留数组中的数据，但使用 Preserve 只能改变最后一维的大小，前面几维大小不能改变。如果使用了 Preserve 关键字，就只能重定义数组最末维的大小，且根本不能改变维数的数目。例如，如果数组就是一维的，则可以重定义该维的大小，因为它是最末维，也是仅有的一维。不过，如果数组是二维或更多维的，则只有改变其最末维才能同时仍保留数组中的内容。

3. 动态数组使用示例

例 5-5　从键盘输入数组元素的个数和每个元素的值，然后交换最大元素和最小元素。

```
Private Sub Form_Click()
    Dim n, i As Integer
    Dim a(), temp, x, max, min
    Dim maxi, mini As Integer
    n = InputBox("请输入元素的个数:", "数据输入", 5)
    If  n = ""   Or  IsNumeric(n) = False Then
        MsgBox "未输入数据或数据输入有误!", 64 + 0, "错误": Exit Sub
    ReDim a(1 To n)
    Print "数据的初始值是："
    For i = 1 To n
        a(i) = InputBox("请输入第" & i & "个元素值", "数据输入")
        If a(i) = ""   Or IsNumeric(a(i)) = False    Then
        MsgBox "未输入数据或数据输入有误!", 64 + 0, "错误": Exit   Sub
        Me.Print a(i) & vbTab;
    Next
Print
Print "交换后的数据是："
max = a(1): min = a(1)
For i = 1 To n
    If max < a(i) Then max = a(i): maxi = i
```

```
    If min > a(i) Then min = a(i): mini = i
Next
temp = a(maxi): a(maxi) = a(mini): a(mini) = temp
For i = 1 To n
    Print a(i) & vbTab;
Next
End Sub
```

5.1.3 控件数组

1. 控件数组的概念

控件数组是由一组相同类型的控件组成的，它们共用一个相同的控件名，具有相同的属性、事件和方法。控件数组适用于若干个控件执行的操作相似的场合，控件数组共享同样的事件过程。控件数组通过索引号（属性中的 Index）来标识各控件，第一个下标是 0。例如，假定一个控件数据含有 3 个命令按钮 command1，则不管单击哪个命令按钮都会调用同一个 Click () 事件，如果要确定单击的是哪一个命令按钮，则要通过其 Index 属性（即下标值）来进行确认。其单击事件过程代码的格式为：

```
Private Sub Command1_Click(Index  As  Integer)
    ……
End Sub
```

和只有一个按钮 Command1 的事件过程

```
Private Sub Command1_Click ()
    ……
End Sub
```

相比而言，按钮控件数组的事件过程后面括号中多了 Index As Integer，而这个 Index 就是事件过程的参数。对于控件数组参数 Index 是一个整数，它是响应其中某个控件的唯一标识。

2. 控件数组的建立

（1）在设计时建立。

①在窗体上画出某控件，并进行属性设置。

②选中该控件进行"复制"和"粘贴"操作，系统提示"是否建立控件数组"，选择"是"即可。多次粘贴就可以创建多个控件元素。

③进行事件过程的编程。

（2）运行时添加控件数组。

①在窗体上画出某控件，设置该控件的 Index 值为 0，表示该控件为数组。

②在编程时通过 Load 方法添加其余若干个元素，也可以通过 Unload 删除某个添加的元素。

③每个添加的控件数组通过 Left 和 Top 属性，确定其在窗体上的位置，并将 Visible 设置为 True。

例 5-6 运行中设置控件数组的属性：设窗体上有若干个以 Command1 命名的命令按钮，现要求：点击其中一个按钮后，该按钮不可用，而其他的按钮均可用。以下几行代码可以实现这个要求，比一个一个的设置高效得多。

```
Private Sub Command1_Click(Index As Integer)
    Dim i As Integer            '计数器
    For i = 0 To Command1.Count - 1
        Command1(i).Enabled = True    '让所有按钮可用
    Next
    Command1(Index).Enabled = False    '让被单击按钮不可用
End Sub
```

例 5-7　运行中添加和卸载数组控件：窗体上已有一个文本框 Text1，程序需要在运行时动态地创建若干文本框，可这样实现：

（1）首先，设计时给 Text1 的 Index 属性设置为"0"，这一步很重要：有了索引号才能创建数组控件；

（2）编写代码：（之前请给工程添加两个命令按钮，Name 属性取缺省值，Caption 属性分别为：添加、卸载）

```
Private Sub Command1_Click()
    Dim txtNum As Integer                'Text1 的 Index 号
    Dim Num As Integer                   '赋给各 TextBox 的值
    txtNum = 0                           '初值
    Num = 1                              '初值
    Text1(0).Text = "Text" & Num         '第一个 Text1 的值
    Dim i As Integer                     '计数器
    For i = 0 To 4                       '添加五个 TextBox
        txtNum = txtNum + 1
        Num = Num + 1
        Load Text1(txtNum)               '加载文本框
        Text1(txtNum).Top = Text1(txtNum - 1).Top + 450      '设置位置
        Text1(txtNum).Text = "Text" & Num                    '加载内容
        Text1(txtNum).Visible = True                         '令其可见:不能漏
    Next
    Command1.Enabled = False
    Command2.Enabled = True
End Sub

Private Sub Command2_Click()
    Dim i As Integer, N As Integer
    N = 0
    For i = 1 To Text1.Count - 1
        N = N + 1
```

```
        Unload Text1(N)
    Next
    Command1.Enabled = True
    Command2.Enabled = False
End Sub
```

5.2 控件

列表框（listBox）和组合框（comboBox）为用户提供了选择。二者均按缺省规定选项以垂直单列方式显示，也可以设置成多列方式。如果项目的数量超过列表框和组合框所能显示的数目，滚动条（scrollBar）会自动出项在列表框和组合框控件上，便于用户在控件上下左右滚动时进行选择。

5.2.1 列表框

列表框控件表示一个选项清单，用户可能用鼠标选择其中一个或者几个选项。列表框的特点是：列表框中的项目是通过程序插入到其中的，用户无法向清单中输入数据，当选择其中的项目，并在用户单击一个按钮或者执行某个操作时，由应用程序完成对指定项目的具体操作。

ListBox 控件的属性、方法和事件如下：

1. 属性

Text：表示当前操作项内容。

ListCount：表示当前列表框中总数据项数。

ListIndex：表示当前操作项下标，第 1 项＝0。

List(i)：表示第 i 项内容。

MultiSelect：表示是否允许多选。

Selected(i)：表示第 i 项是否被选中。

SelCount：表示被选中的项数。

Sort：表示是否排序。

2. 方法

AddItem：向列表框增加一项数据。

ListX.AddItem(Item As String)

RemoveItem：删除一项数据。

ListX.RemoveItem(i As Integer)

3. 事件

Click：当点击列表框中的一项数据时发生。

例 5-8 在窗体上创建一个列表框，当用户用鼠标在列表框进行选择后，马上会弹出一个窗口显示用户所做的选择。如图 5-4 所示。

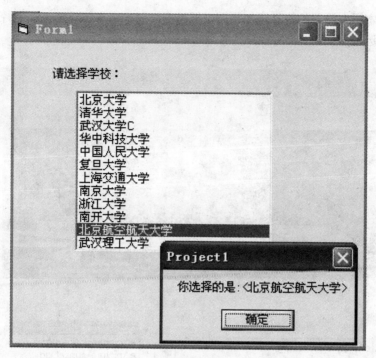

图5-4 列表框

```
Private Sub Form_Load()
    List1.AddItem "北京大学"
    List1.AddItem "清华大学"
    List1.AddItem "武汉大学"
    List1.AddItem "华中科技大学"
    List1.AddItem "中国人民大学"
    List1.AddItem "复旦大学"
    List1.AddItem "上海交通大学"
    List1.AddItem "南京大学"
    List1.AddItem "浙江大学"
    List1.AddItem "南开大学"
    List1.AddItem "北京航空航天大学"
    List1.AddItem "武汉理工大学"
End Sub
Private Sub List1_Click()
    If List1.Text <> "" Then
        MsgBox "你选择的是:<" & List1.Text & ">"
    End If
End Sub
```

例 5-9 创建一个窗体（form），然后在窗体上创建一个图像框（PictureBox），一个列表框（ListBox）和一个文本框（TextBox）以及两个命令按钮（CommandButton），一个命令按

钮用来把在文本框中输入的信息添加到列表框里去，另一命令按钮用来在图片框里显示在列表框中所选的选项，如图 5-5 所示。

图5-5　图像框

```
Private Sub Command1_Click ()
    List1.AddItem (Text1.Text)
End Sub
Private Sub Command2_Click ()
    Picture1.picture=LoadPicture( List(Text1.Text) )
End Sub
```

使用多选列表框：

多选列表框允许用户一次选择多个列表项。通过对 MULTISELECT 属性的设置，就可以把一个列表框变成多选列表框。用户可以用 SHIFT 和 CTRL 键选择多个列表框。下面是设置它时可能用到的值：

　　0：不允许进行多选（默认）

　　1：简单的多选，单击鼠标或空格键可在列表框中选中一项或取消选择

　　2：扩展的多选。按下 SHIFT 键并单击鼠标或按下 SHIFT 键和一个箭头键

```
Dim intloopindex As Integer              'intloopindex 为循环变量
For intloopindex =0 To List.Listcount-1    'list.listcount-1 是列表框中最大的列表项序号
    If list.selected(intloopindex) Then     'selected 属性为列表项的选中状态，为布尔型
```

list2.additem List.List(intloopindex) '将选中的列表项添加到另外一个列表框中
  End If   '我们可根据自己需要写这段代码
 Next intloopindex

5.2.2　组合框

Combobox（组合框）控件相当于将文本框和列表框的功能结合在一起。这个控件可以实现输入文本来选定项目，也可以实现从列表中选定项目这两种选择项目的方法。ComboBox控件与 ListBox 基本相同，它的优点在于占用的面积小，它的缺点是不能多选。

组合框控件的主要属性分别如下所述。

Text：存放从选项中选择的数据或用户输入的数据。

Style（类型）属性，组合框共有 3 种 Style：

当值为 0，组合框是"下拉式组合框"（DropDown Combo）时，与下拉式列表框相似；但不同的是，下拉式组合框可以通过输入文本的方法在表项中进行选择，可识别 Dropdown、Click、Change 事件。

当值为 1，组合框称为"简单组合框"（Simple Combo）时，由可以输入文本的编辑区与一个标准列表框组成，可识别 Change、DblClick 事件。

当值为 2，组合框称为"下拉式列表框"（Dropdown ListBox）时，它的右边有个箭头，可供"拉下"或"收起"操作。它不能识别 DblClick 及 Change 事件，但可识别 Dropdown、Click 事件。

综上所述，如果你想让用户能够输入项目，则应将组合框设置成 0 或 1，如果只想让用户对已有项目进行选择，则应将组合框设置成 2。

组合框的的方法与事件与 ListBox 基本相同。

例 5-10　有图 5-6 这样一个应用程序。

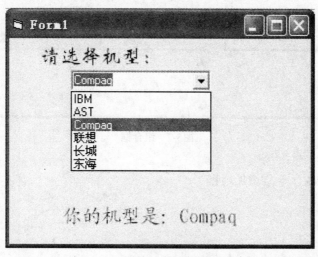

图5-6　组合框

在名为 CboChoose 的下拉组合框中任意选择一种机型，自动会在名为 LblShow 的标签上显示出来。

计算机公共课系列教材

程序代码如下：

```
Private Sub Form_Load ()
    CboChoose.AddItem "IBM"
    CboChoose.AddItem "AST"
    CboChoose.AddItem "Compaq"
    CboChoose.AddItem "联想"
    CboChoose.AddItem "长城"
    CboChoose.AddItem "东海"
End Sub
```

下拉式组合框的 Click 事件：

```
Private Sub CboChoose_Click ()
    LblShow.Caption = "你的机型是：" & CboChoose.Text
End Sub
```

例 5-11 组合框的应用：编写一个能够对组合框进行项目的添加、删除、全部清除操作，并能显示组合框中项目数的程序。避免新输入的项目与已有项目重名的情况，如图 5-7 所示。

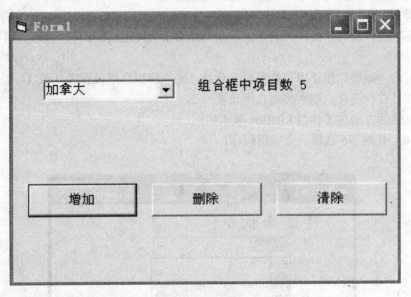

图5-7　组合框

```
Sub Command1_Click ()        '增加项目
Dim i As Integer
Dim flag As Integer
flag = 1
If (Len(Combo1.Text) > 0) Then
        For i = 1 To Combo1.ListCount
            If Combo1.List(i) = Combo1.Text Then flag = 0
        Next i
```

```
        If flag = 1 Then
                Combo1.AddItem Combo1.Text
        Else
                MsgBox ("项目已存在")
        End If
    End If    Label1.Caption = Combo1.ListCount
End Sub


Private Sub Command2_Click()    '删除项目
    Dim Ind As Integer
    Ind = Combo1.ListIndex
    If Ind >= 0 Then
        Combo1.RemoveItem Ind
    End If
    Label1.Caption = Combo1.ListCount
End Sub


Private Sub Command3_Click()    '清除所有项目
Combo1.Clear
Label1.Caption = Combo1.ListCount
End Sub


Private Sub Form_Load()            '初始化组合框
    Combo1.AddItem "中国"
    Combo1.AddItem "美国"
    Combo1.AddItem "英国"
    Combo1.AddItem "法国"
End Sub
```

第 6 章 过 程

在设计一个规模较大、功能较复杂的程序时，需要按功能将程序分解成若干相对独立的逻辑部件，VB 称这些部件为过程。对每个过程分别编写一段程序，一个过程可以被另一个过程调用。因此，用这些过程可以构造成一个完整、复杂的应用程序。将应用程序分解成一个个过程，供多个不同的事件过程多次调用，从而可以减少重复编写代码的工作量，实现代码重用，使程序简练，便于调试和维护。

前面的章节，我们使用系统提供的事件过程和内部函数进行程序的设计。其实，VB 也允许用户定义自己的过程。自定义过程分为子程序过程（sub procedure），函数过程（function procedure），属性过程（property procedure）和事件过程（event procedure）。本章主要介绍子程序和函数。子程序过程不返回值，而函数过程可以返回一个值。所有可执行代码都必须属于某个过程。过程的定义是平行的，不能在别的 Sub，Function 过程中定义其他过程。

6.1 Sub 过程

6.1.1 Sub 过程的定义

Sub 过程可以放在标准模块和窗体模块中，VB 中有两种 Sub 过程，即事件过程和通用过程。

1. 事件过程

VB 是事件驱动的。所谓事件是指能被对象（窗体和控件）识别的动作。例如，对象的事件有单击（Click）、双击(DblClick)等。为窗体以及窗体上的各种对象编写的用来响应由用户或系统引发的各种事件的程序代码，称为事件过程。当 VB 对象中的某个事件发生时，自动调用相应的事件过程。

事件过程存储在被"窗体模块"的文件中（扩展名为.FRM），在缺省情况下，其前面的声明都是 Private，如未加特别说明，则仅在该窗体内有效。前面章节列举的程序示例中的程序代码都是事件过程。

事件过程分为窗体事件过程和控件事件过程。

窗体事件过程的一般形式如下：

Private　Sub Form_事件名[（参数列表）]

　　　[局部变量或常数声明]

　　　[语句序列]

End　Sub

控件事件过程的一般形式如下：

Private　Sub 控件名_事件名[（参数列表）]

　　　　　[局部变量或常数声明]

　　　　　[语句序列]

　　End　Sub

　　说明：

　　（1）窗体事件过程名由"Form"、下画线和事件名组成。不管窗体是什么名字，在窗体事件过程名中不能使用窗体自己的名称，只能使用"Form_事件名"。如果正在使用多文档界面（MDI）窗体，则事件过程定义为"MDIFORM_事件名"。

　　（2）窗体事件过程名由控件名、下画线和事件名组成。组成控件事件过程名的控件名必须与窗体中某个控件匹配，否则 VB 将认为它是一个自定义过程。

　　（3）事件过程有无参数，完全由 VB 所提供的具体事件本身所决定，用户不可以随意添加。

2．通用过程

　　当几个不同的事件过程需要执行相同的动作时，为了不重复编写代码，可以采用通用过程来实现。VB 提供的通用过程将某些被重复使用的代码定义成一个个过程，供事件或其他过程使用调用。

　　一般情况下，一个通用过程并不与用户界面中的对象联系，通用过程直到被调用时才起作用。因此，事件过程是必要的，但通用过程不是必要的，只是为程序员方便而单独建立的。

　　通用 Sub 过程的定义语句如下：

　　格式：

　　[Static][Public|Private]Sub　子过程名[（参数列表）]

　　　　　　[局部变量或常数声明]

　　　　　　[语句序列]

　　　　　　[Exit　Sub]

　　　　　　[语句序列]

　　End　Sub

　　说明：

　　Sub 过程以 Sub 语句开始以 End Sub 结束，它们之间的语句块是每次调用过程执行的部分，称为过程体。

　　Static：指定 Sub 过程中的局部变量为静态变量。

　　Private 和 Public：用来声明该 Sub 过程是局部的（私有的）还是全局的（公有的），系统缺省为 Public。

　　子过程名：与变量名的命名规则相同。在同一模块中，同一名称不能既用于 Sub 过程又用于 Function 过程。无论有无参数，过程名后面的()都不能省略。

　　局部变量或常数声明：用来声明在过程中定义的变量和常数，可用 Dim 等语句声明。

　　语句块：过程执行的操作，称为子程序或过程体。其中可以含有多个 Exit Sub 语句，程序执行到 Exit Sub 语句时，立即从 Sub 过程中退出，程序接着从调用该 Sub 过程语句的下一句继续执行。在 Sub 过程的任何位置都可以有 Exit Sub 语句。

　　End Sub：标志着 Sub 过程的结束。

参数列表：类似于变量声明，列出从调用过程传递来的参数值，称为形式参数（简称形参），多个形参之间则用逗号隔开。形参本身没有具体的值，仅代表了参数的个数、位置和类型，其初值来源于过程调用。

形参的格式如下：

[Optional][ByVal] [ByRef] 变量名[()] [As 数据类型]

其中：

变量名[()]：变量名为合法的 VB 变量名或数组名。变量名后无括号则表示该形参是变量，否则是数组。

[ByVal]：表示该参数按值传递（Passed by Value）。

[ByRef]：表示该参数按地址传递（Passed by Reference），若形式参数前缺省 ByVal 和 ByRef 关键字，则这个参数是传址参数。

[Optional]：表示参数是可选参数，缺省 Optional 前缀的参数是必选参数。可选参数必须放在所有的必选参数的后面，而且每个可选参数都必须用 Optional 关键字声明。在调用过程时，可选参数可以没有实参与它相结合。

数据类型：用于说明形参的数据类型，缺省为 Variant，可以是 Byte，Boolean，Integer，Long，Currency，Single，Double，String，Date 或 Object。如数据类型是 String，它只能是不定长的，但在调用时对应的实参可以是定长的。

6.1.2　子过程的建立

在代码窗口建立子过程，代码窗口自动显示 VB 的保留字，可以看出哪些是自己的编码。打开代码窗口有以下两种方法：

（1）在设计的窗体上双击窗体或控件，就打开了"代码"窗口，且会出现该窗体或控件的缺省过程代码。

（2）单击工程资源管理器窗口的"查看代码"按钮(圖)，再从"对象列表框"中选择一个对象，从"过程列表框"中选择一个过程。

创建通用过程的方法有两种。

方法一：通过"工具"菜单中的"添加过程"命令定义。操作步骤为：

（1）打开"代码编辑器"窗口。

（2）选择"工具"菜单中的"添加过程"命令，出现"添加过程"对话框，如图 6-1 所示。

（3）在"添加过程"对话框中输入过程名，选定"类型"和"范围"，输入过程名（如"Hello"），"类型"选定为"子程序"，"范围"选定为"公有的（B）"，单击"确定"按钮。

于是就在代码编辑器窗口中创建一个名为"Hello"的过程代码：

Public Sub Hello()

End Sub

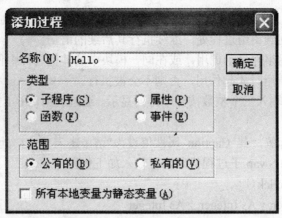

图6-1 "添加过程"对话框

方法二：在代码窗口中直接定义。操作步骤为：

（1）打开"代码"窗口，选择"对象列表框"中的"通用"选项或把插入点放在所有过程之外。

（2）在文本编辑区的空白行处直接输入过程首行（如"Public Sub Hello()"）。

（3）按回车键，自动出现"End Sub"语句。

例6-1 编程时经常要进行两个数交换，请编写一个实现两个整数内容互换的过程。

分析：要实现两个数据内容的互换，并不需要通过过程返回一个具体的值，所以一般采用 Sub 过程形式来实现。首先为过程定义一个有意义的名称 Swap；其次，考虑到要实现两个数据内容的交换，必须定义两个相同类型的形参；最后在过程体中借助一个中间变量的互换，实现数据交换。具体的 Sub 过程的定义如下：

```
Private Sub Swap(m As Integer, n As Integer)      'm，n 为形参变量
    Dim t As Integer                              '定义内部用到的局部变量
    t = m：m = n：n = t
End Sub
```

6.1.3 过程的调用

当 Sub 过程定义完成后，就可以被其他过程调用。调用 Sub 过程是一个独立的语句。调用 Sub 过程有两种方式：使用 Call 语句；直接使用 Sub 过程名。

格式：

Call 过程名 [(参数列表)]

或

过程名 [参数列表]

说明：

参数列表：在调用语句中的参数称为实际参数（简称实参）。它必须与形参的数据类型、个数、顺序匹配。实参可以是变量、常量、数组和表达式。

使用 Call 语句调用时，参数必须在括号内，当被调用过程没有参数时，则（）可以省略。用过程名调用时，去掉参数列表两边的（）。

执行调用语句时，VB 将控制传递给被调用的 Sub 过程，并开始执行这个过程。当该 Sub 过程执行完时，则返回到调用过程处，继续执行其后续的语句。

Sub 事件过程可由事件自动调用，或在同一模块中的其他过程中使用调用语句调用，而通用 Sub 过程只有被调用时才起作用，否则不会被执行。

例 6-2　用户任意输入三个整数按升序排列显示。通过调用例 6-1 的子程序 Swap 实现数据互换。

在窗体中新建一标签，其 Caption 属性值设为"请单击表单空白处输入三个整数"。在代码窗口输入例 6-1 中的 Swap 子过程代码，再输入如下代码：

```
Private Sub Form_click()
    Dim x As Integer, y As Integer, z As Integer
    x = InputBox("请输入 x 的值")
    y = InputBox("请输入 y 的值")
    z = InputBox("请输入 z 的值")
    Print: Print: Print
    Print ("  排序前 x、y、z 的值分别为"); x; y; z
    If x > y Then Call Swap(x, y)      '带 Call 调用 Swap 子过程
    If x > z Then Call Swap(x, z)
    If y > z Then Swap y, z            '不带 Call 调用 Swap 子过程
    Print ("  排序后 x、y、z 的值分别为"); x; y; z
End Sub
```

上述程序运行时，当用户单击窗体，触发窗体的单击事件过程的执行，当顺序执行到 Call Swap(x,y)时，系统立即中断该单击事件过程，将该中断点记录下来，然后转去 Swap 子程序过程的定义部分，同时实参和形参相结合，完成数据交换；当执行到 End Sub，则根据刚才记录下来的中断点，返回主调程序的断点处，并从断点处继续程序的执行，即执行 Call Swap(x,y)的后继语句，后两次过程调用过程同上，不再赘述。运行界面如图 6-2 所示。

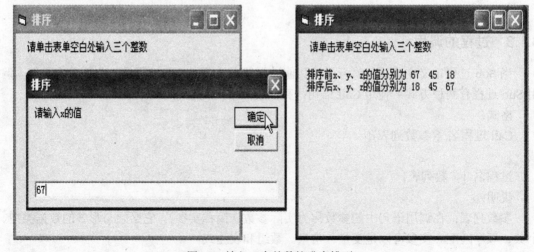

图6-2　输入三个整数按升序排列

6.2 Function 过程

VB 函数分为内部函数和外部函数，外部函数是用户根据需要用 Function 关键字定义的函数过程，是 VB 中通用过程的另一种形式。与 Sub 过程不同的是函数过程将返回一个值 。现介绍利用 Function 过程编写自己的函数过程。

6.2.1 Function 过程的定义

1. Function 过程的定义语句

格式：[Public|Private][Static]Function 函数名([<参数列表>])[As<数据类型>]
　　　<局部变量或常数声明>
　　　<语句块>
　　　[函数名=表达式]
　　　[Exit Function]
　　　<语句块>
　　　[函数名=返回值]
　　　End Function

说明：

Function 过程与 Sub 过程的定义在很多方面是相同的，主要区别如下：

函数子过程以关键字 Function 开头，以 End Function 结束，它们之间是描述过程的语句块，称为子函数体或函数体。

As <数据类型>：函数返回值的数据类型。与变量一样，如果没有 As 子句，缺省的数据类型为 Variant。

Exit Function 语句：用于提前从 Function 过程中退出，程序接着从调用该 Function 过程的语句下一条语句继续执行。在 Function 过程的任意位置都可以有 Exit Function 语句。但用户退出函数之前，必须保证函数赋值，否则出错。

函数名＝表达式：给函数名赋值的语句。若在 Function 过程中省略该语句，则该 Function 过程返回对应数据类型的缺省值，如数值型函数返回 0 值，字符型函数返回值为空字符串。

和 Sub 过程一样，Function 过程不能嵌套定义，但可以嵌套调用。

图 6-3 是计算圆的面积的函数，函数名为 area，函数值的数据类型为 Single，函数的形参为圆的半径，返回为圆的面积，Function 过程代码如图 6-3 所示。

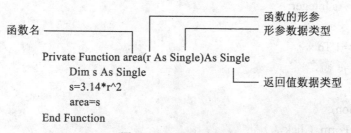

图6-3　Function过程

计算机公共课系列教材

2. 建立 Function 过程

Function 过程的建立基本上同 Sub 过程的建立类似，也有两种方法：通过"工具"菜单中的"添加过程"命令定义和在代码窗口中直接定义。注意要将关键字选为 Function，在此不再赘述。

例6-3　自定义一个求整数 N 的阶乘的函数。

程序代码如下：

```
Private Function fact(x   As Integer) As Long
    Dim i As Integer, s As Long
    s = 1
    For i = 1 To x
      s = s * i
    Next i
    fact = s
End Function
```

6.2.2　Function 过程的调用

函数 Function 过程的调用方法与 VB 系统函数（也称内部函数）方法一样，在语句中直接使用函数名。

格式：

函数过程名 [(参数列表)]

说明：

参数列表中的参数称为实际参数（简称实参）。主调程序通过实参将数据传递给被调过程使用，要保证实参和形参做到"形实结合"，即参数的个数要相同，对应位置的参数类型要一致。实参可以是与对应的形参类型一致的变量、常量、数组和表达式和对象。

调用 Function 过程时，必须给参数加上括号，当调用无参函数时括号可以缺省。

调用函数过程可以由函数名带回一个值给调用程序，被调用的函数必须作为表达式或表达式中的一部分，再与其他的语法成分一起配合使用。因此，与子过程的调用方式不同，函数不能作为单独的语句加以调用。

当 VB 忽略或放弃函数的返回值，则 VB 也允许像调用 Sub 过程那样调用 Function 过程。

例6-4　利用自定义函数求 10!+5!-8!

```
Private Function jc(x   As Integer) As Long
    Dim i As Integer
    jc = 1
    For i = 1 To x
      jc =jc * i
    Next i
 End Function
Private Sub Form_Click（）
    Dim he as Long
    he = jc（10）+ jc（5）-jc（8）
```

```
    Print "10!+5!-8!=";he
End Sub
```

在该例中，定义了一个求阶乘的函数（也可直接用例 6-3 介绍的函数）。函数名为 jc，先调用 jc 函数求得 10!后将值带回主程序，再依次求 5!和 8!，最后作加减运算。

6.3　过程之间参数的传递

在调用过程时，一般主调过程与被调过程之间有数据传递，即将主调过程的实参传递给被调过程的形参，完成实参与形参的结合，然后执行被调过程体。在 VB 中，实参与形参的结合有两种方法：传地址和传值。传地址是默认的方法。

6.3.1　形式参数与实际参数

1. 形式参数

形式参数简称形参，是出现在 Sub 或 Function 过程定义的形参表中的变量名、数组名，即在被调过程中的参数是形参，是用来接收传送给过程的数据。在过程被调用之前，形参未被分配内存，只是说明形参的类型和在过程中的作用。形参列表中的各参数之间用逗号分隔，形参可以是除了定义字符串变量之外的合法变量名，也可以是后面跟有()的数组名。形参的形式为：

　　〔Optional〕[ByVal] [ByRef] 变量名[()] [As 数据类型]

其中：

变量名[()]：变量名为合法的 VB 变量名或数组名。变量名后无括号则表示该形参是变量，否则是数组。

[ByVal]：表示该参数按值传递（Passed by Value）。

[ByRef]：表示该参数按地址传递（Passed by Reference），若形式参数前缺省 ByVal 和 ByRef 关键字，则这个参数是传地址参数。

〔Optional〕：表示参数是可选参数，缺省 Optional 前缀的参数是必选参数。可选参数必须放在所有的必选参数的后面，而且每个可选参数都必须用 Optional 关键字声明。在调用过程时，可选参数可以没有实参与它相结合。

数据类型：用于说明形参的数据类型，缺省为 Variant，可以是 Byte，Boolean，Integer，Long，Currency，Single，Double，String，Date 或 Object。如数据类型是 String，它只能是不定长的，但在调用时对应的实参可以是定长的。

2. 实际参数

实际参数简称实参，是在主调过程中的参数，在过程调用时实参将数据传递给形参，形实结合。

形实结合是按位置结合的，即第一个实参与第一个形参结合，第二个实参与第二形参结合，依此类推，而不是按"名字"结合的。因此，形参列表和实参列表中的对应变量名可以不同，但实参和形参的个数、顺序以及数据类型必须相同。

例 6-5　求两个数中的大数被调用的函数和调用过程如下：

```
Private Function max(x As Integer, y As Integer) As Integer
    If x > y Then
```

```
        max = x
    Else
        max = y
    End If
End Function
Private Sub Form_ Click ()
    Dim  a   As Integer,  b As Integer,  c As Integer
    a = InputBox("请输入 a 的值：")
    b = InputBox("请输入 b 的值：")
    c = max(a, b)
    Print "最大的数为："; c
End Sub
```

上面的程序代码中，第 1 行至第 7 行是函数过程的定义部分，其中在函数过程名 max 后面的 x，y 是形参，而在 Form_ Click ()过程中 max(a,b)是函数调用部分，max 后面的 a，b 是其对应的实参。当运行单击窗体事件调用 max 函数过程时，首先进行"形实结合"，按位置传递。形参与实参的结合对应关系是：a→x，b→y。

3．形参的数据类型

在创建过程时，如果没有声明形参的数据类型，则缺省为 Variant 型。

例如，将上例函数过程中的 x 为 Variant 型，y 为 Integer 型：

```
Private Function max(ByVal x , y   As Integer)
    ……
End Function
```

对于实参数据类型与形参定义的数据类型不一致时，VB 会按要求对实参进行数据类型转换，然后将转换值传递给形参。

例如，将上例中的主调函数过程中的变量 a 的类型改为 single 型，即将函数的实参类型为 Single，程序如下：

```
Private Sub Form_ Click ()
    Dim  a   As Single,  b As Integer,  c As Integer
    a = InputBox("请输入 a 的值：")
    b = InputBox("请输入 b 的值：")
    c = max(a, b)
    Print "最大的数为："; c
End Sub
```

被调函数 max 过程如下：

```
Private Function max(ByVal x As Integer, ByVal y As Integer) As Integer
    ……
End Function
```

运行上述程序时，当从 InputBox 输入框中输入 a 为 16.5，b 为 10。当执行"c = max(a, b)"时，先将 Single 型的 a 转换成 Integer 型值为 16，然后将 16→a，10→b。如图 6-4 所示。

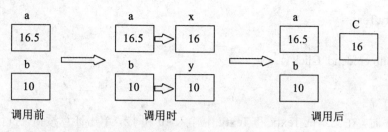

图6-4 形参的数据类型转换

总之，在调用过程时，将实参传递给形参，在"形实结合"时，要注意以下两点：

（1）当实参表中的参数是变量或数组元素、对象时，形参和实参对应的名字可以不同，但如果是按传地址方式传递，则要做到在参数的个数、顺序上以及对应位置的参数数据类型完全相同；如果是按传值方式传递，则在参数的个数、顺序上要做到完全相同，而对应位置的参数数据类型则遵循赋值语句中不同类型数据赋值的原则。

（2）当实参表中的参数是常数、表达式时，也要做到在参数的个数、顺序上要完全相同。若发现实参与对应的形参的类型不同，则遵循赋值语句中不同类型数据赋值的原则，强制转换为与形参相同的类型，再传递给形参；若无法实现强制转换，则报错。

6.3.2 传地址与传值

在 VB 中有两种传递参数的方式：按值传递（Passed by Value）和按地址传递（Passed by Reference）。其中按地址传递，习惯上称为"引用"。

1. 按值传递

在定义过程时，若形参前面有关键字 ByVal，则其对应的实参是按值传递的。按值传递参数时，VB 给传递的形参在栈中分配一个临时的存储单元，将实参的值复制到这个临时的单元中去，然后把该临时单元的地址传递给被调用的过程的相应形参。即按值传递时，传递的只是实参的副本，形参与实参各自有自己内存存储单元。过程对形参的任何改变都只是对临时单元的值的改变，仅在过程内部有效，一旦过程运行结束，控制返回调用程序时，VB将释放形参的临时内存单元，对应的实参保持调用前的值不变。系统将实参传递给对应的形参后，实参与形参断了联系。实参向形参传递是单向的，形参变量的改变不会影响实参本身。

例6-6 按值传递。

```
Private Sub value(ByVal m As Integer, ByVal n As Integer)
    m = 5 * m + 2: n = n - 6
    Textm.Text = m
    Textn.Text = n
End Sub
Private Sub cmdjs_Click()
    Dim x As Integer, y As Integer
    x = Val(Textx.Text)
    y = Val(Texty.Text)
    Call value(x, y)
    resultx.Text = x
```

```
    resulty.Text = y
End Sub
Private Sub cmdend_Click()
    End
End Sub
```

运行程序时，在文本框 Textx 和 Texty 中输入 10 和 12，单击计算按钮，执行 cmdjs_Click 事件过程，在内存中为 x、y 分配相应的存储单元，执行赋值语句后，调用 value 过程，系统给按值传递形参分配临时存储单元 m 和 n，变量 x 与形参 m 结合将 10 传递给形参 m，变量 y 与形参 n 结合将 12 传递给形参 n，执行赋值语句 m=5*m+2：n=n-6 后，m 的值改为 52，n 的值改为 6，并在窗体相应位置显示出来。仅仅是改变形参的值，并没有改变实参的值，调用结束后，则系统收回为参数传递分配的临时存储单元，形参的值不会保留，返回事件过程 cmdjs_Click，继续执行过程调用后的语句。内存单元值的存储过程如图 6-5 所示。最后整个程序运行结果如图 6-6 所示。

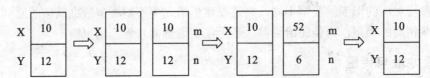

图6-5　形参按值传递

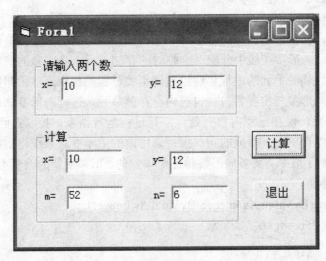

图6-6　运行界面

通过上面的例子，我们可以这样简单地理解按值传递：当调用一个过程时，系统将实参的值单向传递给对应的形参，之后实参与形参断开了联系。被调过程的操作是在形参自己的存储单元进行的，与实参无关系。当调用结束时，这些形参所占的存储单元也被同时释放，因此过程内形参的改变不会影响到实参，实参仍然保持过程调用之前的值。

2. 按地址传递

在定义过程时，若形参前面没有关键字 ByVal（即缺省关键字）或有 ByRef 关键字时，则这个形参是按地址传递的参数。

按地址传递参数时，把实参变量的内存地址传递给被调过程。形参和实参具有相同的地址，即形实参数共享同一段存储单元。因此，在被调过程中任何形参的操作都变成了对相应的实参的操作，形参改变，相应的实参也随之改变。也就是说，按地址传递参数可在被调过程中改变实参的值。

例 6-7　将例 6-6 中的 Value 过程中的参数传递方式由传值改为传地址，主调函数不变。

```
Private Sub value(m As Integer,   n As Integer)
    m = 5 * m + 2: n = n - 6
    Textm.Text = m
    Textn.Text = n
End Sub
Private Sub cmdjs_Click()
    Dim x As Integer, y As Integer
    x = Val(Textx.Text)
    y = Val(Texty.Text)
    Call value(x, y)
    resultx.Text = x
    resulty.Text = y
End Sub
Private Sub cmdend_Click()
    End
End Sub
```

运行程序时，同样在文本框 Textx 和 Texty 中输入 10 和 12，单击计算按钮，执行 cmdjs_Click 事件过程，在内存中为 x、y 分配相应的存储单元，执行赋值语句后，调用 value 过程，系统将按地址传递为形参分配临时存储单元 m 和 n，变量 x 与形参 m 结合将 x 的地址传递给形参 m，变量 y 与形参 n 结合将 y 的地址传递给形参 n，即相当于形参和实参共享同一个存储单元。执行赋值语句 m=5*m+2:n=n-6 后，m 的值改为 52，n 的值改为 6，并在窗体相应位置显示出来。因为形参和实参共用存储单元，对 m，n 的改变就相当于对 x，y 的改变。调用结束后，则系统收回为参数传递分配的临时存储单元，返回事件过程 cmdjs_Click，继续执行过程调用后的语句。内存单元值的存储过程如图 6-7 所示。最后整个程序运行结果如图 6-8 所示。

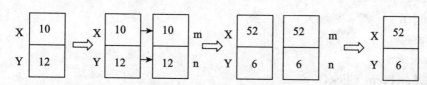

图6-7　形参按地址传递

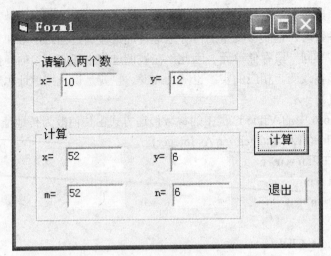

图6-8　运行界面

通过上面的例子，我们可以这样简单地理解按地址传递：当调用一个过程时，系统将实参与对应的形参相结合，在调用过程中形参与实参共用同一段存储单元；当调用结束时，这些形参才与实参解除共用存储单元的关系，因此过程内形参的改变会影响到实参，它们之间是一种实时的数据双向传递关系。

注意：按地址传递参数比按参数传递更节省内存空间，程序运行的效率更高。因为系统不必再为形参分配内存，再把实参的值复制给它。对于字符串型参数，这种优势尤其显著。

若实参是常量、表达式形式，则不论其对应形参前定义成什么方式，系统都强制按值传递参数；若实参是数组、对象形式，则不论其对应形参前定义成什么方式，系统都强制按地址传递参数。

由于 VB 有两种不同的参数传递方式，所以在实际的应用中尤其要注意正确选择参数的传递方式。

如前面定义的交换两个数的过程 Swap，若不注意参数传递立式的选择，而将参数设置为按值传递，则无法实现数据的交换的效果。

例 6-8　计算 4!+3!+2!+1!。依照按地址参数传递的方法编写程序，代码如下：

```
Private Function fact(n As Integer) As Integer
    fact = 1
    Do While n > 0
        fact = fact * n
        n = n - 1
    Loop
End Function
Private Sub Form_Click()
    Dim sum As Integer, i As Integer
    For i = 4 To 1 Step -1
        sum = sum + fact(i)
    Next
```

```
    Print "Sum="; sum
End Sub
```
运行结果为：Sum=24

结果是 24 而不是希望的 33，因为本程序只算了 4!=24，由于形参 n 是按地址传递的，在第一次调用 fact 函数后，n 的值为 0，而 i 和 n 是共用地址单元的，这时实参 i 的值也为 0。当执行判断语句"For i = 4 To 1 Step -1"时由于 i<1 就退出 For 循环。For 循环只执行了一次，求了 4!。

上例中怎样才能求出正确的解？有以下两种方法：

（1）将函数定义为按值传递：Private Function fact(ByVal n As Integer) As Integer。

（2）将实参 i 改为表达式，因为表达式是按值传递的。把变量变为表达式的最简单的方法是用"（ ）"将变量用括号括起来。调用语句为：sum=sum+fact((i))。

例 6-9 输入一组数据按降序排列显示，界面如图 6-9 所示。

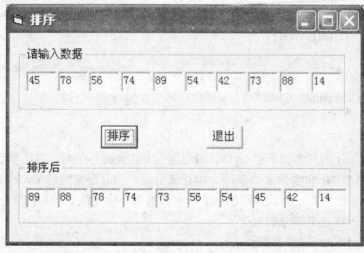

图6-9 运行界面

在窗体中创建了 2 个 Frame，在其中分别创建 10 个 TextBox 控件，它们的 index 值为 0~9，text 属性为空值。再创建两个 CommandButton，其属性值分别为"排序"和"退出"。

运行时，在窗体上排的文本框中输入任意 10 个整数，单击排序按钮，按降序排列后的结果在下排文本框中显示。

程序代码如下：

```
Option Base 1
Private Sub sort(arr() As Integer)
    Dim i As Integer, j As Integer, t As Integer
    For i = 1 To UBound(arr) - 1
        For j = i + 1 To UBound(arr)
            If arr(i) < arr(j) Then
                Swap arr(i),arr(j)
            End If
```

```
        Next j
    Next i
End Sub
Private Sub Swap(m As Integer, n As Integer)
    Dim t As Integer
    t = m : m = n : n = t
End Sub
Private Sub Command1_Click()
    Dim a(10) As Integer, i As Integer
    For i = 1 To 10
        a(i) = Val(Text1(i - 1).Text)
    Next i
    Call sort(a)
    For i = 1 To 10
        Text2(i - 1).Text = a(i)
    Next i
End Sub
Private Sub Command2_Click()
End
End Sub
```

上例中过程 sort 的形参为数组 arr()，调用语句 Call sort（a）时，将实参数组 a 的首地址传给形参 arr，形参 arr 和实参 a 共享同一段存储单元。当对形参数组 arr 的排序操作等价于直接对实参数组 a 的操作，因此调用结束后，实参数组 a 也完成了预期的排序。

数组形参在过程定义部分的格式如下：

形参数组名( )〔As 数据类型〕

数组形参只能按传地址方式进行传递。

例 6-10 创建有两个窗体的教务管理系统，运行时单击不同的按键打开的窗体上显示不同的窗体标题和标签内容。界面如图 6-10 所示。

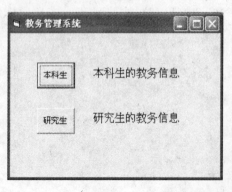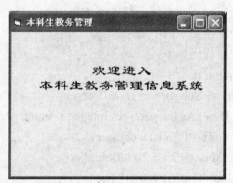

图6-10　窗体运行界面

先创建两个窗体 Form1 和 Form2，在窗体 form1 中创建两个按钮，名称都为 command1，index 值分别为 0 和 1，两个标签用于显示信息。在窗体 form2 中创建一个标签名为 label1，Caption 值为空。

程序代码如下：

```
Private Sub formselect(F As Form, cmdcap As String)
    '显示窗体标题，形参为窗体参数
    F.Caption = cmdcap & "教务管理"
End Sub
Private Sub labelselect(L As Label, cmdcap As String)
    '显示标签文本，形参为标签文本
    L.Caption = "欢迎进入" & Chr(13) & cmdcap & "教务管理信息系统"
    L.FontName = "隶书"
    L.FontSize = 16
    Form2.Show
    Form1.Hide
End Sub
Private Sub Command1_Click(Index As Integer)
    Call formselect(Form2, Command1(Index).Caption)
    Call labelselect(Form2.Label1, Command1(Index).Caption)
End Sub
```

从上例中我们可以看出，在 VB 中对象也允许为参数，即窗体或控件作为过程参数。对象的传递只能按地址传递。对象作为形参时形参变量的类型定义为"Control"，或定义控件类型。如形参类型声明为"Form"或"Label"，则表示向过程传递窗体或标签控件。

6.4 变量的作用域

变量的作用范围是指变量的有效范围。它决定了哪些子过程和函数可访问该变量。根据定义变量的位置和定义变量的语句的不同，在 VB 中变量可以分为过程级变量、窗体/模块级变量和全局变量。

6.4.1 过程级变量——局部变量

过程级变量又叫局部变量，是指在过程内用关键字 Dim 或 Static 声明的变量，其作用范围仅限于定义变量所在的过程，用户无法在其他过程访问或改变该变量的值。

定义格式为：

Dim 变量名 As 数据类型
Static 变量名 As 数据类型

用 Dim 声明的局部变量随着过程的调用而分配内存单元，在过程内存取，一旦该过程结束，变量占用的内存单元释放，其内容丢失。其生命周期仅仅只在调用的那段时间。因此不同的过程中可以有相同名称的变量，每个过程只识别它自己的变量，彼此互不相干。

在 Sub 过程中显式定义的变量（使用 Dim 语句）都是局部变量，而没有在过程中显式定义的变量（即不加声明直接使用的变量），除非它在该过程外更高级别的位置显式定义过，否则也是局部变量。可以 Option Explicit 语句，强制显式定义变量。

例 6-11 在下面的过程 Cmd_Click 中显式定义了局部变量 a，而变量 b 虽然没有显式地声明，但属于该过程的局部变量，在过程 jb 中定义了局部变量 a，b。

```
Private Sub cmd_Click()
    Dim a As Integer
    a = 1；b = 2
    Call jb(a, b)
    Print a, b
End Sub
Sub jb(ByVal m As Integer, ByVal n As Integer)
    Dim a As Integer, b As Integer
    a = a + 2 * m
    b = a + n + 5
    Print a, b
End Sub
```

说明：

两个过程的局部变量 a,b 仅仅是同名，但不是同一变量，其作用范围仅在各自定义的过程中；形参也只在所在过程中有效，因此也属于局部变量。

执行 Cmd_Click 过程的结果为：

```
2    9
1    2
```

6.4.2　窗体/模板级变量

窗体/模板级变量指在窗体、标准模块中的任何过程之外，即在窗体模块和标准模块顶部（通用声明段）用 Dim 或者 Private 关键字声明的变量，其作用范围为变量所在模块的所有过程。也就是说在模块中的任何过程都可访问该变量，但其他模块的过程则不可用。

定义格式为：

Dim 变量名 As 数据类型

Private 变量名 As 数据类型

如图 6-11 所示，在窗体模块的"通用声明"段中用 Dim 语句定义了一个模块级变量 k。在不同的模块中可以声明相同名字的模块级变量，它们代表不同的变量，互不干扰。

6.4.3　全局变量

全局变量是在"通用声明"段（窗体或标准模块的任何过程外）中用 Public 语句声明的变量，其作用范围是应用程序的所有过程，也称公用变量。

全局变量的值在整个应用程序的执行过程中始终不会消失和重新初始化，仅当整个应用程序执行结束时，才会消失。

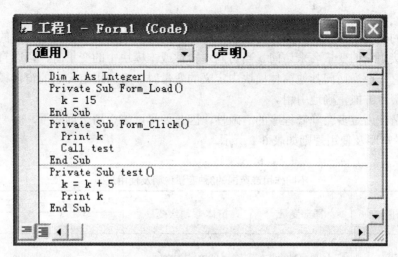

图6-11 窗体/模板级变量的声明及使用

例6-12 在下面的程序中有3个模块文件，分别是Moudle1.bas，Form1.frm 和 Form2.frm。在不同的窗体/标准模块文件中声明了全局变量。

标准模块文件 Module1.bas 的程序代码如下：

```
Public mq As String     '在标准模块 Module1.bas 中定义的全局变量
```

窗体 Form1 的窗体文件 Form1.frm 程序代码如下：

```
Public fq1 As Integer
Private Sub Form_Load()
    fq1 = 1                 '访问本窗体的全局变量 fq1
    mq = "全局变量 mq"       '访问标准模块 1 中的全局变量
End Sub
Private Sub Form_Click()
    Print fq1
    Print mq
    Form2.Show
End Sub
```

窗体 Form2 的窗体文件 Form2.frm 程序代码如下：

```
Public fq2 As Single
Private Sub Form_Click()
    Call disp
End Sub
Private Sub disp()
    fq2 = 2.5               '访问本窗体的全局变量 fq2
    Print fq2
    Print Form1.fq1         '访问 Form1 窗体的全局变量 fq1
```

计算机公共课系列教材

End Sub

从上面的代码中可以看出，在标准模块中定义的全局变量，在本应用程序的任何一个过程中都可直接用它的变量名来访问。当访问本窗体或本模块中的变量时，可以直接用它的变量名来访问它，而当访问其他窗体模块中定义的变量时，必须用定义它的窗体模块名作为全局变量的前缀，方能正确地引用。

全局变量使用过多会降低程序的清晰性，因此要尽可能少用全局变量，必要时才用。

3 种变量声明及使用规则如表 6-1 所示。

表6-1　　　　　　　不同作用域范围的3种变量说明及使用规则

作用范围	局部变量	窗体/模块级变量	全局变量	
			窗体	标准模块
声明方式	Dim，Static	Dim，Private	Public	
声明位置	在过程中	窗体/模块的"通用声明"段	窗体/模块的"通用声明"段	
被本模块的其他过程存取	不能	能	能	
被其他模块存取	不能	不能	能，但在变量名前加窗体名	能

6.4.4　静态变量

变量除了使用范围之外，还有存活期，存活期指变量能够保持其值的时期。模块级变量和全局变量的存活期是整个应用程序的运行期间。

局部变量可用 Dim 语句和 Static 语句声明。

用 Dim 声明的局部变量仅当本程序执行期间存在。每次调用过程时，动态创建和初始化局部变量，过程执行完，释放局部变量所占的存储单元，无法保留局部变量的值。

用 Static 声明的局部变量为静态变量，在第一次调用它所在的过程时，创建和初始化变量。过程执行完，不释放局部变量所占的存储单元，局部变量的值保留，当下一次调用时，静态变量始终保持上一次过程调用时的值。通常 Static 关键字和递归的 Sub 过程不能在一起使用。

声明格式为：

Static 变量名 As ［数据类型］

Static Function 函数名([<参数列表>])[As<数据类型>]

Static Sub 子过程名 ［(<参数列表>)］

注意：过程名前加 Static，表示该过程内的局部变量都是静态变量。

例 6-13　编一程序，统计单击窗体的次数。

程序如下：

Private Sub Form_Click()

```
Static count%
    count = count + 1
    Print "单击窗体"; count; "次"
End Sub
```

程序运行时结果如图 6-12 所示。当程序运行时，局部变量 count 用 Static 声明的为静态变量，系统为其分配存储单元，当程序运行结束，保留其值不变，当再次执行时，count 的值依次加 1。

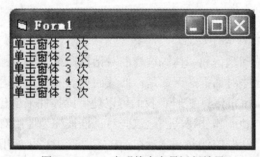

图6-12　Static声明静态变量运行效果

但如果将变量 count 用 Dim 声明为动态变量，则程序如下：

```
Private Sub Form_Click()
    Dim count%
    count = count + 1
    Print "单击窗体"; count; "次"
End Sub
```

程序运行时结果如图 6-13 所示，不管单击窗体多少次，显示结果总为 1，这是因为变量 count 的作用域在本过程。当程序执行时，局部变量临时分配存储单元；当程序结束时，count 变量所占的存储单元释放，其值不保留。

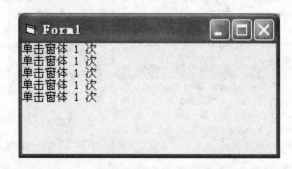

图6-13　Dim声明动态局部变量运行效果

通过比较两段程序，我们可了解静态变量和动态变量的不同之处。

第7章 多窗体设计

7.1 通用对话框

打开和保存文件、选择颜色和字体等这样的对话框在很多应用程序中都会用到，如果每个程序都需要自己编写这些对话框，无疑是件低效而痛苦的事。幸运的是，Windows 提供了一个通用对话框（CommonDialog）控件，我们可以使用此控件来创建这些对话框，不同程序中这些对话框拥有相同的功能和外观，因此这些对话框被称为通用对话框。

默认情况下，通用对话框控件并不显示在 VB 工具箱中，在使用它之前，我们需要自行将其添加到工具箱中。添加方法如下：

（1）打开"工程"菜单选择"部件"命令，或在工具箱上单击右键，选择"部件"命令，将会弹出如图 7-1 所示的"部件"对话框。

（2）在"控件"选项卡里选中"Microsoft Common Dialog Control 6.0"，单击"确定"按钮关闭对话框。

添加通用对话框控件如图 7-1 所示。

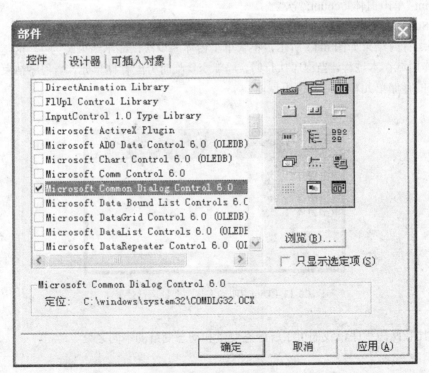

图 7-1 添加通用对话框控件

完成上述操作后，通用对话框（CommonDialog）控件将显示在工具箱中。

利用通用对话框控件可以创建如下常用对话框：

①"打开文件"对话框。

②"保存文件"对话框。

③"颜色"对话框。

④"字体"对话框。

⑤"打印"对话框。

下面将详细介绍此控件的使用方法。

7.1.1 打开通用对话框的方法

为了在应用程序中使用通用对话框控件，应将其添加到窗体上。在设计窗口中窗体上的通用对话框控件显示为一个图标，此图标的大小不能改变，如图 7-2 所示。

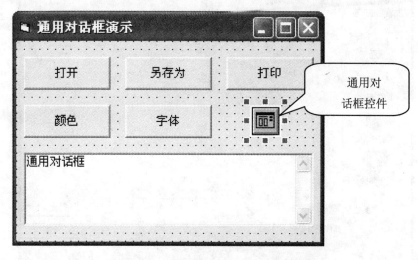

图 7-2 在窗体中添加通用对话框控件

与第 4 章介绍的计时器控件一样，通用对话框控件运行时不可见，可以通过调用表 7-1 所列的方法显示需要的对话框。

表7-1 通用对话框的方法

方法名称	说　　明
ShowOpen	显示"打开文件"对话框
ShowSave	显示"保存文件"对话框
ShowColor	显示"颜色"对话框
ShowFont	显示"字体"对话框
ShowPrinter	显示"打印"对话框
ShowHelp	调用Windows帮助引擎（运行WINHLP32.EXE）

例如：在图 7-2 所示的窗体中双击"打开"按钮打开代码窗口，为其添加如下事件代码：

Private Sub cmdOpen_Click()

CommonDialog1.ShowOpen

End Sub

运行此程序，单击"打开"按钮，将会显示如图 7-3 所示的对话框。

注：使用通用对话框控件的 ShowHelp 方法可以调用 Windows 帮助引擎（winhlp32.exe）打开传统的 Windows 帮助文件（.HLP），但目前这种格式使用得越来越少，基本已被新的 HTML 格式帮助文件（.CHM）所替代，故在本书中不做详细介绍。

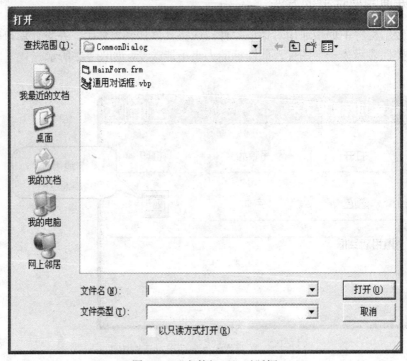

图 7-3 "文件打开"对话框

另外，运行时，通过给通用对话框的 Action 属性赋不同值，也可以打开不同类型的对话框。Action 属性的值及其对应的对话框如表 7-2 所示。

表7-2　　　　　　　　　　　　　　通用对话框的Action属性

数　值	说　　明
1	显示"打开文件"对话框
2	显示"保存文件"对话框
3	显示"颜色"对话框
4	显示"字体"对话框
5	显示"打印"对话框
6	调用Windows帮助引擎（运行WINHLP32.EXE）

将上述例子程序中的 CommonDialog1.ShowOpen 替换为 CommonDialog1.Action = 1，可以得相同的效果。

需要说明的是，此 Action 属性是为了与 Visual Basic 早期版本兼容而提供，因此不推荐使用，通常都使用前面介绍的 ShowOpen、ShowSave 等方法来打开通用对话框。

7.1.2 设置通用对话框控件的属性

1. 设置通用对话框控件的属性的方法

设置通用对话框控件的属性有多种方法。

方法一：在 VB 属性窗口中设置控件属性。

方法二：程序运行阶段在代码中为各属性赋值。

这两种方法与其他控件并无不同，不再赘述。

除此之外，还可以通过对话框控件的属性页来设置对话框的属性。将鼠标移动到通用对话框控件上，单击右键，在弹出的快捷菜单中执行"属性"命令，将弹出如图 7-4 所示的"属性页"对话框。

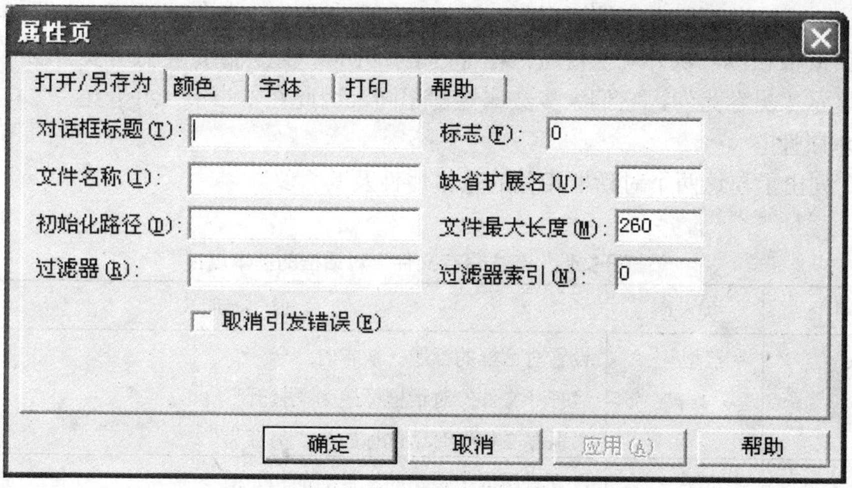

图 7-4 "属性页"对话框

"属性页"对话框中的各条目与通用对话框控件"属性"窗口中的属性是相对应的，例如，"对话框标题"对应 DialogTitle 属性，"标志"对应 Flags 属性。通过"属性"窗口设置属性与通过属性页窗口设置属性完全等同。

2. CancelError 属性

本小节只介绍一个所有通用对话框通用的属性——CancelError 属性（即图 7-4 中的"取消引发错误"选项），其他属性多与不同的对话框相关，后面将会依次介绍。

CancelError 为逻辑类型量，当设置其为 True 时，用户在对话框中点击"取消"按钮时将会引发一个错误，我们可以利用这个错误消息编写代码进行相应处理。CancelError 默认值为 False，即点击"取消"按钮不引发错误。下面的代码片段演示了该属性常见的用法：

```
Private Sub cmdOpen_Click()
    ' 设置"CancelError"为 True
```

```
CommonDialog1.CancelError = True
On Error GoTo ErrHandler

' 显示"打开"对话框
CommonDialog1.ShowOpen
' 在此处添加打开文件的相关代码
Exit Sub

ErrHandler:
    ' 用户按下了"取消"按钮
    ' 在此处添加处理代码
End Sub
```

7.1.3 "打开文件"与"保存文件"对话框

打开和保存文件是应用程序中经常需要执行的操作，使用通用对话框控件的 ShowOpen 和 ShowSave 方法，可以方便地调用"打开文件"和"保存文件"对话框，如图 7-3 所示。这两个对话框很相似，从外观上仅对话框标题有所不同（默认情况下打开文件显示"打开"，保存文件显示"另存为"），它们大多数属性都相同，因此在本小节一并介绍。

1. 基本属性

表 7-3 列出了与这两个对话框相关的基本属性及其含义。

表7-3   "打开文件"与"保存文件"对话框的基本属性

属 性	类 型	说 明
DialogTitle	字符型	设置对话框的标题。缺省时： "打开文件"对话框标题为"打开" "保存文件"对话框标题为"另存为"
FileName	字符型	设置对话框中显示的文件名的初始值 该属性也用来返回用户所选中或输入的文件名
FileTitle	字符型	返回不带路径的文件名
InitDir	字符型	设置打开对话框时显示的初始目录路径。若不设置该属性，则显示当前目录 该属性也用来返回用户选中的目录路径
Filter	字符型	设置在对话框文件类型列表中列出的文件类型
Flags	整型	设置对话框的一些选项，设置值及其说明如表7-4所示
DefaultExt	字符型	设置缺省扩展名，当保存不带扩展名的文件时，将以此缺省扩展名作为文件的扩展名
MaxFileSize	整型	设置文件名的最大长度。该值范围为1~2048，缺省值为256，通常不需要修改此默认值
FilterIndex	整型	设置在对话框文件类型栏中显示的缺省文件类型

表 7-3 中大多数属性含义明确，无需多做说明，下面只详细介绍 Filter、FilterIndex 和 Flags 属性的含义以及用法。

2. Filter 和 FilterIndex 属性

Filter 属性的设置格式为：

描述符 1|过滤符 1|描述符 2|过滤符 2|……

例如，若通用对话框控件的 Filter 属性设置为：

所有文件(*.*)|*.*|文本(*.txt)|*.txt|图片(*.bmp;*.jpg)|*.bmp; *.jpg

则打开或保存文件对话框的"文件类型"列表中将会显示如图 7-5 所示的选项，而对话框中只显示所选类型的文件。

从上例可以看出，描述符是将要显示在对话框"文件类型"下拉列表中的文字说明，即用户所看到的内容，可随意指定。

过滤符则是系统用于区分各种文件类型的标识符，由通配符和实际的文件扩展名组成，例如，*.*表示所有文件，*.txt 表示扩展名为 txt 的文件。在同一过滤符中可以用分号分隔多个通配符文件名，如*.bmp; *.jpg 表示扩展名为 bmp 和 jpg 的文件。

描述符与过滤符一一对应，缺一不可。注意，分隔符"|"两边不需要空格。

当设置过滤器属性时，若有多个文件类型，则按序排号为 1，2，3，…，如设置 FilterIndex 属性值为 2，则在对话框的"文件类型"框中缺省显示描述符 2。在前述例子中，即为"文本(*.txt)"。

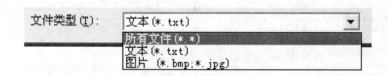

图 7-5 文件类型选择

3. Flags 属性

设置不同的 Flags 属性，可以调整对话框的一些外观与功能，与打开和保存文件对话框相关的 Flags 属性值有很多，表 7-4 只列出了几个常用的属性值及其含义，更完整的列表可以到 MSDN 中查找。

表7-4　　　　　　　　　"打开文件"和"保存文件"对话框的**Flags属性**

Flags属性常量	数值(16进制)	说　　明
cdlOFNReadOnly	&H1	显示"以只读方式打开"选项，默认显示
cdlOFNOverwritePrompt	&H2	保存文件时，若已存在同名文件，则弹出消息框，询问用户是否覆盖已有文件
cdlOFNHideReadOnly	&H4	隐藏"以只读方式打开"选项
cdlOFNNoChangeDir	&H8	强制将当前目录设置为对话框打开时的目录
cdlOFNHelpButton	&H10	显示帮助按钮
cdlOFNAllowMultiselect	&H200	允许选择多个文件

编程时使用属性常量或数值均可，但属性常量比属性数值更易于理解，因此建议多使用属性常量。

Flags 属性的值也可以是表 7-4 中两项或多项的和，例如，设置 Flags 的值为：

cdlOFNOverwritePrompt + cdlOFNHideReadOnly

则表示对话框同时具备此两条特性。

7.1.4 "颜色"对话框

调用通用对话框控件的 ShowColor 方法，将显示如图 7-6 所示的"颜色"对话框。通过此对话框用户可以方便地选取所需要的颜色。

与"颜色"对话框相关的属性只有两个，表 7-5 和表 7-6 列出了它们的含义。

表7-5   "颜色"对话框的基本属性

属 性	类 型	说　明
Color	整型	设置或返回选择的颜色值
Flags	整型	设置对话框的一些选项，设置值及其说明如表7-6所示

表7-6   "颜色"对话框的Flags属性

Flags属性常量	数值(16进制)	说　明
cdlCCRGBInit	&H1	首次打开对话框时显示Color属性定义的颜色
cdlCCFullOpent	&H2	启用"自定义颜色"功能，默认可用
cdlCCPreventFullOpen	&H4	禁用"自定义颜色"功能
cdlOFNHelpButton	&H8	显示帮助按钮

7.1.5 "字体"对话框

调用通用对话框控件的 ShowFont 方法，将显示如图 7-7 所示的"字体"对话框。通过此对话框用户可以方便地选取所需要的字体。

表 7-7 列出了与"字体"对话框相关的属性及其含义。

表7-7   "字体"对话框的基本属性

属性	类型	说　明
FantName	字符型	设置或返回字体名称
FontSize	整型	设置或返回字号
FontBold	逻辑型	设置字体是否为粗体
FontItalic	逻辑型	设置字体是否为斜体
FontUnderline	逻辑型	设置文本是否有下画线
FontStrikethru	逻辑型	设置文本是否有删除线
Flags	整型	设置对话框的一些选项，设置值及其说明如表7-8所示
Min	整型	设置最小字号
Max	整型	设置最大字号

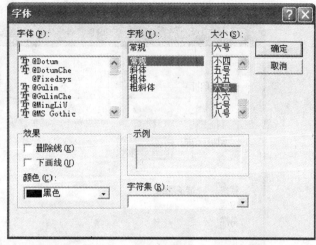

图 7-6 "颜色"对话框　　　　　图 7-7 "字体"对话框

与"字体"对话框相关的 Flags 属性值也有很多，表 7-8 列出了其中常用的值及其说明。

表7-8　　　　　　　　　　　　"字体"对话框的**Flags属性**

Flags属性常量	数值(16进制)	说　　　明
cdlCFScreenFonts	&H1	显示系统支持的屏幕字体
cdlCFPrinterFonts	&H2	显示打印机所支持的字体
cdlCFBoth	&H3	同时显示打印机和屏幕所用的字体
cdlOFNHelpButton	&H4	显示帮助按钮
cdlCFEffects	&H100	允许在对话框中设置删除线、下画线和颜色
cdlCFLimitSize	&H2000	只显示由Min和Max属性指定范围内的字号

7.1.6 "打印"对话框

调用通用对话框控件的 ShowPrinter 方法，将显示如图 7-8 所示的"打印"对话框。在此对话框中用户可以设置与打印有关的参数，如图 7-9 所示的"打印设置"对话框。

表 7-9 列出了与"打印"对话框相关的属性及其含义。

表7-9　　　　　　　　　　　　"打印"对话框的基本属性

属　　性	类　　型	说　　　明
Copies	整型	设置或返回打印份数
FromPage	整型	设置或返回打印开始的页码
ToPage	整型	设置或返回打印结束的页码
hDC	整型	设置或返回所选打印机的设备上下文（device context）
Flags	整型	设置对话框的一些选项、设置值及其说明如表7-10所示

图 7-8 "打印"对话框

表 7-10 列出了部分常用的"打印"对话框 Flags 属性值及其说明。

表7-10 "打印"对话框的**Flags属性**

Flags属性常量	数值(16进制)	说　　明
cdlPDAllPages	&H0	设置或返回页码范围中"全部"单选按钮状态
cdlPDSelection	&H1	设置或返回页码范围中"选定范围"单选按钮状态，若cdlPDPageNums和cdlPDSelection均未指定，则"全部"单选按钮处于被选中状态
cdlPDPageNums	&H2	返回或设置页码范围中"页码"单选按钮状态
cdlPDNoSelection	&H4	禁用页码范围中"选定范围"单选按钮
cdlPDNoPageNums	&H8	禁用页码范围中"页码"单选按钮
cdlPDCollate	&H10	设置或返回"自动分页"复选框状态
cdlPDPrintToFile	&H20	设置或返回"打印到文件"复选框的状态
cdlPDPrintSetup	&H40	显示如图7-9所示的打印设置对话框
cdlOFNHelpButton	&H800	显示帮助按钮
cdlPDDisablePrintToFile	&H80000	禁用"打印到文件"复选框
cdlPDHidePrintToFile	&H100000	隐藏"打印到文件"复选框

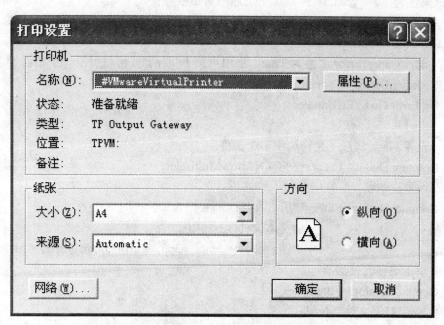

图7-9 "打印设置"对话框

7.1.7 综合实例

下面通过一个实例来演示通用对话框控件的使用方法。

例 7-1 程序窗体设计如图 7-10 所示,运行该程序,按下不同按钮将会打开相应的对话框。在打开和保存文件对话框中设置的文件名将会显示在文本框控件中;在颜色和字体对话框中的设置将会影响文本框控件的背景颜色和字体显示;打印对话框将会打印文本框控件中的内容。

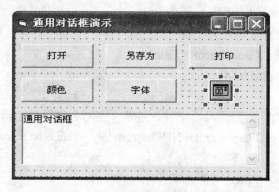

图7-10 例7-1程序主窗体

具体实现步骤如下:

(1)新建工程,在窗体上添加 5 个按钮控件,名称分别设置为 cmdOpen、cmdSave、cmdColor、cmdFont 和 cmdPrinter;添加一个文本框控件,设置其 MultiLine 属性为 True,

ScrollBars 属性为"2 – Vertical";添加一个通用对话框控件。

（2）打开代码窗口，输入下列代码：

```
Private Sub cmdOpen_Click()
    ' 设置 CancelError 属性为 True，当用户按下"取消"按钮将引发一个错误
    CommonDialog1.CancelError = True
    On Error GoTo ErrHandler

    ' 设置 Flags 属性，允许选中多个文件
    CommonDialog1.Flags = cdlOFNAllowMultiselect
    ' 设置过滤器
    CommonDialog1.Filter = "所有文件(*.*)|*.*|" & _
                "文本文件(*.txt)|*.txt|" & _
                "图片文件(*.bmp; *.jpg; *.gif)|*.bmp; *.jpg; *.gif"
    ' 指定缺省的过滤器
    CommonDialog1.FilterIndex = 2
    ' 显示"打开文件"对话框
    CommonDialog1.ShowOpen
    ' 在文本框控件中显示选定的文件名
    Text1.Text = "打开文件：" & CommonDialog1.FileName
    Exit Sub

ErrHandler:
    ' 用户按了"取消"按钮
    Exit Sub
End Sub

Private Sub cmdSave_Click()
    ' 设置 CancelError 属性为 True
    CommonDialog1.CancelError = True
    On Error GoTo ErrHandler

    ' 设置 Flags 属性，隐藏只读文件，且若存在同名文件弹出消息框询问是否覆盖
    CommonDialog1.Flags = cdlOFNHideReadOnly + cdlOFNOverwritePrompt
    ' 设置过滤器
    CommonDialog1.Filter = "所有文件(*.*)|*.*|" & _
                "文本文件(*.txt)|*.txt|" & _
                "图片文件(*.bmp; *.jpg; *.gif)|*.bmp; *.jpg; *.gif"
    ' 指定缺省的过滤器
    CommonDialog1.FilterIndex = 2
    ' 显示"保存文件"对话框
```

```
        CommonDialog1.ShowSave
        ' 在文本框控件中显示设置的文件名
        Text1.Text = "保存文件：" & CommonDialog1.FileName
        Exit Sub


ErrHandler:
        ' 用户按了"取消"按钮
        Exit Sub
End Sub


Private Sub cmdColor_Click()
        ' 设置为 CancelError 属性为 True
        CommonDialog1.CancelError = True
        On Error GoTo ErrHandler


        ' 设置 Flags 属性，禁用"自定义颜色"功能
        CommonDialog1.Flags = cdlCCPreventFullOpen
        ' 显示"颜色"对话框
        CommonDialog1.ShowColor
        ' 设置文本框的背景颜色为选定的颜色
        Text1.BackColor = CommonDialog1.Color
        Exit Sub


ErrHandler:
        ' 用户按了"取消"按钮
        Exit Sub
End Sub


Private Sub cmdFont_Click()
        ' 设置为 CancelError 属性为 True
        CommonDialog1.CancelError = True
        On Error GoTo ErrHandler


        ' 设置 Flags 属性
        ' 同时显示打印机和屏幕使用字体，且允许设置删除线、下画线和颜色
        CommonDialog1.Flags = cdlCFEffects + cdlCFBoth
        ' 显示"字体"对话框
        CommonDialog1.ShowFont
        ' 设置文本框控件字体属性为在该对话框中选中的字体
        Text1.Font.Name = CommonDialog1.FontName
```

```
        Text1.Font.Size = CommonDialog1.FontSize
        Text1.Font.Bold = CommonDialog1.FontBold
        Text1.Font.Italic = CommonDialog1.FontItalic
        Text1.Font.Underline = CommonDialog1.FontUnderline
        Text1.FontStrikethru = CommonDialog1.FontStrikethru
        Text1.ForeColor = CommonDialog1.Color
        Exit Sub


ErrHandler:
        ' 用户按了"取消"按钮
        Exit Sub
End Sub


Private Sub cmdPrint_Click()
        Dim BeginPage, EndPage, NumCopies, i
        ' 设置为 CancelError 属性为 True
        CommonDialog1.CancelError = True
        On Error GoTo ErrHandler


        ' 显示"打印"对话框
        CommonDialog1.ShowPrinter
        ' 从该对话框取得选定的值
        BeginPage = CommonDialog1.FromPage      ' 打印起始页码
        EndPage = CommonDialog1.ToPage          ' 打印结束页码
        NumCopies = CommonDialog1.Copies        ' 打印份数
        ' 设置打印字体
        Printer.FontSize = Text1.FontSize
        Printer.FontName = Text1.FontName
        Printer.FontBold = Text1.FontBold
        Printer.FontItalic = Text1.FontItalic


        For i = 1 To NumCopies
            ' 此处放置将数据发送到打印机的代码
            Printer.Print Text1.Text          ' 打印文本框控件中的内容
        Next i
        ' 结束打印
        Printer.EndDoc
        Printer.KillDoc
        Exit Sub
```

ErrHandler:

    ' 用户按了"取消"按钮

    Exit Sub

End Sub

7.2　多窗体设计

对于很简单的应用程序，也许只需要一个窗体即可满足程序的功能和与用户交互的需求。而我们常见的程序除了一个主窗口外，往往还提供一些其他的窗口（包括对话框窗口）来完成不同的功能，进行人机交互。上一节介绍的通用对话框控件虽然用起来很方便，但它提供的对话框种类毕竟有限，不能满足所有的需求。我们编写应用程序时经常需要用到自定义对话框。在 VB 中，自定义对话框实际上就在一个窗体上添加若干控件，搭建成一个用来接收用户输入或显示相应信息的界面。所以，用 VB 编写的应用程序通常包含多个窗体，这些窗体既各自独立，又可互相调用、互相通信交换信息。这类包含多个窗体的程序称为多窗体程序，本节将介绍设计编写多窗体程序的方法。

7.2.1　建立多个窗体

在 VB 中每新建一个工程，会自动生成一个新窗体，对于多窗体程序需要我们手动添加其他的窗体，向一个工程中添加窗体的方法如下：

（1）打开"工程"菜单，执行"添加窗体"命令，将显示如图 7-11 所示对话框。

（2）选择"新建"选项卡中的"窗体"，然后点击"打开"按钮，将会创建一个新窗体添加到工程中。

（3）也可以在图 7-11 所示对话框中切换到"现存"选项卡，选择一个先前在别的工程中创建好并已保存到磁盘文件中的窗体，将其添加到工程中，如图 7-12 所示。

在工程资源管理器窗口中可以看到新添加的窗体，如图 7-13 所示。其中 Form1 为新建工程自动创建的窗体，Form2 为第 2 步中建立的新窗体，MainForm 为第 3 步中添加的已有窗体。

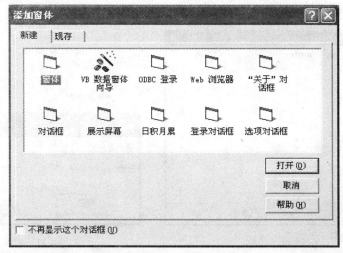

图 7-11　"添加窗体"对话框

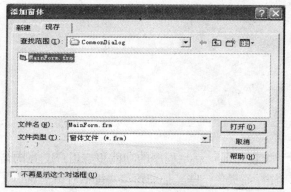

图 7-12 导入已有窗体文件

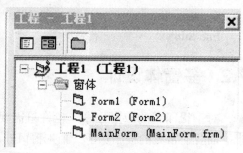

图 7-13 工程资源管理器

图 7-11 "新建"选项卡除了"窗体"外，还有很多其他的选项，任选其中一个都将创建一个新窗体。那么它们又有什么区别呢？"窗体"选项将创建一个完全空白的窗体，我们必须从零开始自己添加控件、设置属性、编写代码，以实现所需功能。而其他选项实际提供的是窗体模板，通过它们创建的窗体将自动加入一些控件和代码，搭好一个框架，初步具备一定的功能，我们可以根据需要在此基础上进行修改和完善。图 7-14 中展示了部分 VB 中提供的窗体模板。当需要创建新窗体时，我们应该选择一种最接近需求的窗体种类，这样可以免去很多工作，提高编程效率。

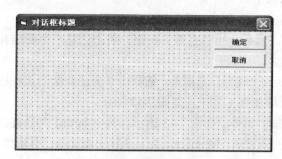

(a)对话框标题

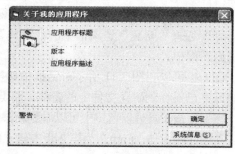

(b)关于我的应用程序对话框

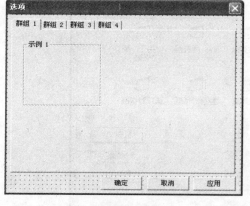

(c)选项对话框

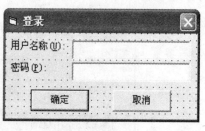

(d)登录对话框

图 7-14 其他窗体

从工程中删除窗体的方法很简单，在工程资源管理器窗口选中需要删除的窗体，单击右键，在弹出的快捷菜单中选择"移除"命令即可，如图 7-15 所示。

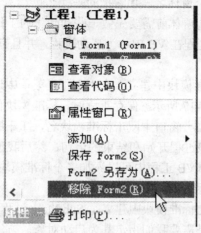

图 7-15　"移除"窗体命令

7.2.2　设置启动窗体

　　本节以前的例子都只有一个窗体，程序运行后会自动显示此窗体。当向工程中添加了多个窗体后，就需要我们指定启动应用程序后首先显示哪个窗体，此窗体称为启动窗体。

　　默认情况下，VB 将第一个被创建的窗体设置成启动窗体。若要指定其他窗体为启动窗体，则可打开"工程"菜单，执行"工程属性"命令，将会显示如图 7-16 所示的对话框。在"通用"选项卡的"启动对象"下拉列表中选择要作为启动窗体的窗体名，点击"确定"按钮即可。

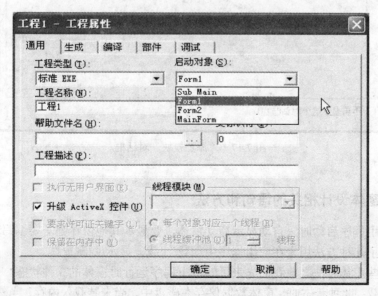

图 7-16　"工程属性"对话框

7.2.3　Sub Main 过程

从图 7-16 中可以看到，"启动对象"选项中除了工程中添加的窗体外还有一个名为"Sub Main"的选项，这并不是一个窗体名，那它指的是什么呢？

有时一个应用程序在启动窗体前需要先做一些初始化的工作，这就要求在启动程序时执行一个特定的过程。这样的过程在 VB 中称为启动过程，并且有特定的名称，即 Sub Main 过程。

Sub Main 过程必须在标准模块中建立。在"工程"菜单中选择"添加模块"命令即可向工程中添加标准模块，如图 7-17 所示。保存工程时，标准模块作为独立的文件存盘，其扩展名为.bas。在"工程资源管理器"窗口中双击标准模块名，打开其代码窗口，输入"Sub Main"后回车，VB 将会自动补全该过程开始和结束的语句，然后我们就可以在其中输入所需的应用程序初始化代码了。注意，VB 工程中可以添加多个标准模块，但 Sub Main 过程只能有一个，它可以保存在任意一个标准模块中。

特别需要说明，即便你在标准模块中建立了 Sub Main 过程，默认情况下，VB 也不会自动将其设定为启动对象，而是需要我们指定其为启动对象。方法与设置启动窗体类似，即在图 7-16 所示对话框中选择"启动对象"为"Sub Main"。

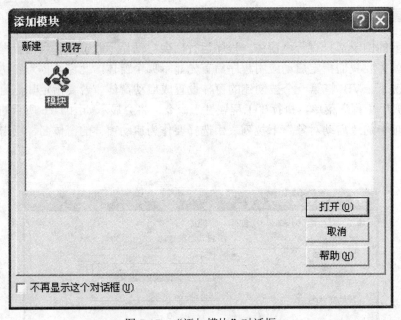

图 7-17　"添加模块"对话框

7.2.4　与多窗体设计相关的语句和方法

多窗体应用程序启动时只自动显示启动窗体，要显示其他窗体则需要编写相应代码来实现。窗体提供了几种方法用来在应用程序中加载/卸载、显示/隐藏窗体。

在介绍这些窗体方法之前我们先来了解一下程序运行时窗体的 3 种状态。

（1）未加载：此种状态时，窗体数据保存在磁盘中，尚未装载入内存，当然也不可使用。

（2）加载但未显示：此时窗体数据已载入内存，随时可以显示。

（3）加载并显示：窗体已显示在屏幕上，用户可以操作窗体。

对于多窗体应用程序，根据需要，我们经常要让不同窗体的状态在上述几种情况之间切换。使用下面介绍的几条语句和窗体方法就可以实现这样的功能。

1. 加载窗体（Load 语句）

Load 语句用来加载一个指定的窗体，即将指定窗体的数据装载到内存中。

格式：Load 窗体名称

例如：

Load Form2 　　　' 加载 Form2 窗体

需要说明，执行 Load 语句载入某窗体后，该窗体并不显示在屏幕上，想显示该窗体还需要调用后面介绍的 Show 方法。

2. 卸载窗体（Unload 语句）

Unload 语句用来关闭指定窗体，即从内存中移除指定窗体的所有数据。

格式：Unload 窗体名称

例如：

Unload Form2 　　　' 关闭 Form2 窗体

Unload Me 　　　' 关闭当前的窗体

若 Unload 语句里指定关闭的窗体已显示在屏幕上，则先隐藏该窗体再删除其内存中数据。

3. 关闭应用程序（End 语句）

End 语句用来关闭整个应用程序。

格式：End

当一个程序所有的窗体都被关闭，则这个程序也就退出了。反之，一个程序关闭前也应关闭所有窗体，执行此语句将自动关闭所有已加载的窗体，然后再退出程序。

4. 显示窗体（Show 方法）

Show 方法用来在屏幕上显示指定的窗体。

格式：窗体名称.Show [模式] [,所有者窗体]

其中，模式可以取 vbModal 或 vbModeless 两个值，默认值为 vbModeless，这是两个 VB 常量，含义如下：

vbModal 等于 1，表示以模式（Modal）方式显示窗体，即必须关闭此窗体后才可以对其他窗体进行操作。一般应用程序中对话框通常都是以模式方式显示。

vbModeless 等于 0，表示以无模式（Modeless）方式显示窗体，即打开此窗体后仍可以对其他窗体进行操作。一些特殊的对话框或窗口需要以此方式显示。例如，字处理软件中常见的查找/替换对话框就是以无模式方式显示。

例如：

Form2.Show vbModal 　' 以模式方式显示 Form2 窗体

MainForm.Show 　　　' 以无模式方式显示 MainForm 窗体

值得一提的是，并不需要先执行 Load 语句装载窗体，再调用 Show 方法。若窗体未被加载（Load），则 Show 方法会先自动加载此窗体然后再显示。既然如此，那为何 VB 又要提供一个 Load 语句呢？需要单独装载窗体的原因主要有两个：

有些窗体不需显示只需装载，比如某些用于后台处理的窗体。

事先装载能更快地显示窗体。对于一些复杂的窗体，比如包含大型位图或许多控件的窗体，直接使用 Show 方法来显示，可能会出现较为明显的延迟。而如果先用 Load 语句装载该窗体，在需要显示的时候再调用 Show 方法，则可以大大减小延迟的情况。

5. 隐藏窗体（Hide 方法）

Hide 方法用来隐藏屏幕上指定的窗口。

格式：窗体名称.Hide

例如：

Form2.Hide   ' 隐藏 Form2 窗体

Me.Hide   ' 隐藏当前的窗体

注意：Hide 方法只隐藏窗体，而并不删除内存中该窗体的数据。因此，当只是暂时不需要显示某个窗体时，我们可以调用其 Hide 方法将其隐藏，需要时再调用其 Show 方法即可快速重新显示此窗体（不需重新加载窗体）。如果要关闭某个窗体，则需使用 Unload 方法。

另外，调用窗体的 Show 方法或 Hide 方法与将窗体的 Visible 属性设置为 True 或 False 是等效的。

下面我们来编写一个多窗体程序，通过这个例子可以更好地理解启动窗体、窗体的加载与卸载、显示与隐藏这些概念。

例 7-2 模拟常见的安装程序向导功能。此程序有 4 个窗体，如图 7-18 所示。程序启动过程和各按钮功能说明如下：

程序通过 Sub Main 过程启动，先调用 Load 语句依次装载标题名为"主窗体"、"第一步"和"第二步"的三个窗体，然后调用 Show 方法显示"主窗体"窗口；

"开始安装"按钮将隐藏主窗体显示"第一步"窗口；

"下一步"和"上一步"按钮将会在"第一步"和"第二步"两个窗口间切换；

"取消"和"完成"按钮都会关闭当前窗口，并重新显示"主窗体"窗口；

"关于"按钮将以模式方式打开"关于"窗口；

"退出"按钮将关闭所有窗口，结束整个程序的运行。

图 7-18 例 7-2 程序窗体

程序创建步骤如下：

（1）在 VB 中新建一个工程，添加 4 个窗体，窗体属性如表 7-11 所示。

表7-11 窗体属性设置

对象	属性	值
窗体1	名称	frmMain
	Caption	主窗体
	BorderStyle	1 - Fixed Single
	StartUpPosition	1 - 所有者中心
窗体2	名称	frmStep1
	Caption	第一步
	BorderStyle	1 - Fixed Single
	StartUpPosition	1 - 所有者中心
窗体3	名称	frmStep2
	Caption	第二步
	BorderStyle	1 - Fixed Single
	StartUpPosition	1 - 所有者中心
窗体4	名称	frmAbout
	Caption	关于
	BorderStyle	1 - Fixed Single
	StartUpPosition	1 - 所有者中心

（2）向窗体中添加控件，各窗体控件及其属性设置如表 7-12 所示。

表7-12 窗体控件及其属性设置

窗体名	控件对象	属性	值
frmMain	按钮1	名称	cmdSetup
		Caption	开始安装
	按钮2	名称	cmdAbout
		Caption	关于
	按钮3	名称	cmdExit
		Caption	退出
frmStep1	按钮1	名称	cmdNext
		Caption	下一步
	按钮2	名称	cmdCancel
		Caption	取消
frmStep2	按钮1	名称	cmdPrev
		Caption	上一步
	按钮2	名称	cmdOK
		Caption	完成
frmAbout	按钮1	名称	cmdOK
		Caption	完成

（3）向窗体中添加代码。各窗体中代码如下：

①frmMain 窗体：

```
Private Sub cmdSetup_Click()        '"开始安装"按钮单击事件
    Me.Hide                         ' 隐藏本窗体
    frmStep1.Show                   ' 显示 frmStep1 窗体
End Sub


Private Sub cmdAbout_Click()        '" 关于"按钮单击事件
    frmAbout.Show 1                 ' 以模式方式显示 frmAbout 窗体
End Sub


Private Sub cmdExit_Click()         '"退出"按钮单击事件
    End                             ' 关闭所有窗体，结束应用程序的运行
End Sub


Private Sub Form_Unload(Cancel As Integer)
    End                             ' 点击窗口的关闭按钮将引发 Unload 事件
                                    ' 在此事件代码中添加 End 语句，
                                    ' 以确保在关闭本窗体的同时，也关闭其他窗体，
                                    ' 从而结束整个程序的运行。
End Sub
```

②frmStep1 窗体：

```
Private Sub cmdNext_Click()         '"下一步"按钮单击事件
    Me.Hide                         ' 隐藏本窗体
    frmStep2.Show                   ' 显示 frmStep2 窗体
End Sub


Private Sub cmdCancel_Click()       '"取消"按钮单击事件
    Me.Hide                         ' 隐藏本窗体
    frmMain.Show                    ' 显示 frmMain 窗体
End Sub


Private Sub Form_Unload(Cancel As Integer)
    frmMain.Show                    ' 点击窗口的关闭按钮将引发 Unload 事件
                                    ' 此时需重新显示 frmMain 窗体
                                    ' 否则程序将无法正常退出
End Sub
```

③frmStep2 窗体：

```
Private Sub cmdPrev_Click()        ' "上一步"按钮单击事件
    Me.Hide                        ' 隐藏本窗体
    frmStep1.Show                  ' 显示 frmStep1 窗体
End Sub


Private Sub cmdOK_Click()          ' "取消"按钮单击事件
    Me.Hide                        ' 隐藏本窗体
    frmMain.Show                   ' 显示 frmMain 窗体
End Sub


Private Sub Form_Unload(Cancel As Integer)
frmMain.Show                       ' 点击窗口的关闭按钮将引发 Unload 事件
                                   ' 此时需重新显示 frmMain 窗体
                                   ' 否则程序将无法正常退出

End Sub
```

④frmAbout 窗体：
```
Private Sub cmdOK_Click()
    Unload Me                      ' 调用 Unload 方法卸载 frmAbout 窗体
End Sub
```

（4）向工程中添加一个标准模块，创建 Sub Main 过程，指定"启动对象"为 Sub Main
（方法见 7.2.3），其代码如下：
```
Sub Main()
    Load frmMain
    Load frmStep1
    Load frmStep2
    frmMain.Show
End Sub
```

7.2.5　窗体间通信

多窗体程序中包含的窗体虽然各自独立，但它们之间又有联系。一个窗体可能需要调用
另一个窗体中控件的方法或自定义过程；在一个窗体中输入的数据可能需要传递给另一个窗
体来处理，数据处理的结果可能又需要传递给其他窗体来显示。这就需要不同窗体之间可以
相互调用、相互交换信息。本小节就介绍在 VB 中实现这些功能的方法。

1. 调用其他窗体中定义的过程

正如第 6 章所言，只要窗体中定义的过程是公有的，即可在任意窗体代码中调用此过程。
调用格式为：

　　　　窗体名.过程名 [参数列表]

或

　　　　Call 窗体名.过程名（参数列表）

虽然将窗体中的过程定义为公有可以方便的让其他窗体来调用，但除非必要，一个窗体中的过程应定义为私有（例如，VB 自动生成的控件事件过程默认都为私有过程），而那些与窗体操作无关且需要被多个窗体调用的通用过程建议放入标准模块中，而不是放在窗体里。添加标准模块的方法请参看 7.2.3 节中的介绍。

需要注意的是，调用标准模块中添加的公有过程时过程名前没有窗体名，其格式为：

    过程名 [参数列表]

或

    Call 过程名（参数列表）

2. 窗体间传递数据的方法

（1）直接访问其他窗体控件的属性。

在多窗体程序中，一个窗体可直接访问另一个窗体中控件的属性，但在控件名前需指明其所属窗体名，格式为：

窗体名.控件名.属性

下面我们编写一个例子程序来演示其用法。

例 7-3　该程序有两个窗体，如图 7-19 所示。程序功能说明如下：

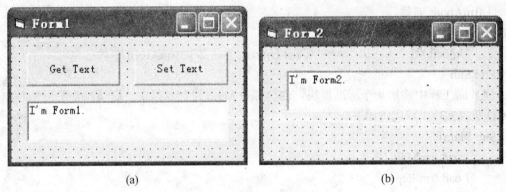

(a)　　　　　　　　　　　　　　　　(b)

图 7-19　例 7-3 程序窗体

①按下 Form1 的"Get Text"按钮，Form1 中文本框将显示 Form2 中文本框里输入的内容。

②按下 Form1 的"Set Text"按钮，Form2 中文本框将显示 Form1 中文本框里输入的内容。

程序创建步骤如下：

①新建一个标准 EXE 工程，除了默认创建的窗体 Form1，再添加一个窗体 Form2。

②向两个窗体中分别添加如图 7-19 所示控件，控件名取默认值。

③打开 Form1 代码窗口，添加如下代码：

```
Private Sub Form_Load()
    ' 程序运行时自动显示窗体 Form1，
    ' 在 Form1 的 Load 事件中调用 Show 方法显示窗体 Form2
    Form2.Show
End Sub
```

```
Private Sub Command1_Click ()
    ' 在 Form1 中读取 Form2 中文本框控件 Text 属性值
    Me.Text1.Text = Form2.Text1.Text
End Sub

Private Sub Command2_Click ()
    ' 在 Form1 中设置 Form2 中文本框控件 Text 属性值
    Form2.Text1.Text = Me.Text1.Text
End Sub
```

（2）在窗体中定义全局变量。

在第 6 章已经介绍过，全局变量的作用域为整个应用程序，可被本程序任意位置的代码访问，因此通过全局变量在多窗体间传递数据十分方便。

同样，我们用一个简单的实例来演示通过全局变量在多窗体间传递数据的方法。

例 7-4 此程序有两个窗体，如图 7-20 所示。程序功能说明如下：

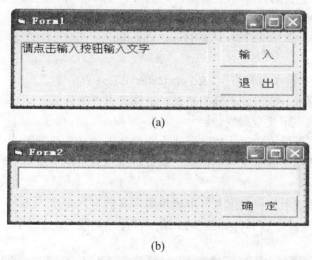

(a)

(b)

图 7-20　例 7-4 程序窗体

①程序运行后自动显示窗体 Form1，按下"输入"按钮将以模态方式打开窗体 Form2。

②在 Form2 中点击"确定"按钮将关闭 Form2，并在 Form1 的 Label 控件中显示 Form2 文本框控件里输入的文字内容。

③"退出"按钮用来退出应用程序。

程序创建步骤如下：

①新建一个标准 EXE 工程，除了默认创建的窗体 Form1，再添加一个窗体 Form2；

②向两窗体中分别添加如图 7-20 所示控件，控件名取默认值；

③打开 Form1 代码窗口，添加如下代码：

```
Private Sub Command1_Click ()
    ' 以模态方式显示 Form2
```

```
Form2.Show vbModal
    ' 通过全局变量获取 Form2 中文本框控件的内容
    Label1.Caption = "输入内容为： " & Form2.strInput
End Sub

Private Sub Command2_Click()
    End
End Sub
```

④打开 Form2 代码窗口，添加如下代码：

```
' 定义全局变量
Public strInput As String
Private Sub Command1_Click()
    strInput = Text1.Text    ' 给全局变量赋值
    Unload Me                ' 关闭本窗体
End Sub
```

值得注意的是，在此程序中不能直接访问 Form2 文本框控件的属性值。若将 Command1 按钮控件 Click 事件代码中的

Label1.Caption = "输入内容为： " & Form2.strInput

替换为

Label1.Caption = "输入内容为： " & Form2.Text1.Text

否则程序运行时将不能得到正确的结果。请读者思考为什么。

（3）在标准模块中定义全局变量。

如果只需要传递少量的数据，如前所述，在窗体中定义全局变量十分方便。但如果传递的数据比较多，且可能在多个窗体中传递，则最好添加若干标准模块，然后在标准模块中定义这些全局变量。

下面这个例子将演示如何使用在标准模块中定义的全局变量。

例 7-5　此程序有三个窗体，如图 7-21 所示。程序功能说明如下：

frmMain

frmInput

frmCalculate

图 7-21　例 7-5 程序窗体

运行程序将自动显示主窗口。

按下"成绩录入"按钮将隐藏主窗口并显示成绩录入窗口，可在其中输入各项成绩信息。按下此窗口中的"返回"按钮将隐藏成绩录入窗口并重新显示主窗口。

按下"成绩计算"按钮将隐藏主窗口并显示成绩计算窗口，程序将根据成绩录入窗口输入的信息计算出平均分和总分并显示在此窗口中。按下"返回"按钮将隐藏成绩计算窗口并重新显示主窗口。

"退出"按钮用来退出整个程序。

程序创建步骤如下：

新建一个工程，添加三个窗体，窗体属性如表 7-13 所示。

表7-13　　　　　　　　　　窗体属性设置

对象	属性	值
窗体1	名称	frmMain
	Caption	主窗体
窗体2	名称	frmInput
	Caption	成绩录入
窗体3	名称	frmCalculate
	Caption	成绩计算

向窗体中添加控件，各窗体控件及其属性设置如表 7-14 所示。

表7-14　　　　　　　　　窗体控件及其属性设置

窗体名	控件对象	属性	值
frmMain	按钮1	名称	cmdInput
		Caption	成绩录入
	按钮2	名称	cmdCalculate
		Caption	成绩计算
	按钮3	名称	cmdExit
		Caption	退出
frmInput	文本框1	名称	txtName
	文本框2	名称	txtNum
	文本框3	名称	txtMath
	文本框4	名称	txtEnglish
	文本框5	名称	txtComputer
	按钮	名称	cmdReturn
		Caption	返回
frmCalculate	标签1	名称	lblName
		BoderStyle	1 – Fixed Single

窗体名	控件对象	属性	值
frmCalculate	标签2	名称	lblNum
		BoderStytle	1 - Fixed Single
	标签3	名称	lblAverage
		BoderStytle	1 - Fixed Single
	标签4	名称	lblSum
		BoderStytle	1 - Fixed Single
	按钮	名称	cmdReturn
		Caption	返回

添加一标准模块，打开其代码窗口，输入如下代码：

```
' 定义全局变量，分别存放高数、英语、计算机的成绩
Public valMath, valEnglish, valComputer As Single
' 定义全局变量，分别存放姓名和学号
Public strName, strNum As String

' 定义全局函数 Sum，计算总分
Public Function Sum () As Single
    Sum = valMath + valEnglish + valComputer
End Function

' 定义全局函数 Average，计算平均分
Public Function Average () As Single
    Average = Sum () / 3
End Function
```

窗体 frmMain 中添加代码如下：

```
Private Sub cmdInput_Click ()
    Me.Hide                 ' 隐藏主窗口
    frmInput.Show           ' 显示成绩录入窗口
End Sub

Private Sub cmdCalculate_Click ()
    Me.Hide                 ' 隐藏主窗口
    frmCalculate.Show       ' 显示成绩计算窗口
End Sub

Private Sub cmdExit_Click ()
    End
```

End Sub

窗体 frmInput 中添加代码如下：

```
Private Sub cmdReturn_Click()
    ' 给全局变量赋值
    strName = txtName.Text
    strNum = txtNum.Text
    valMath = Val(txtMath.Text)
    valEnglish = Val(txtEnglish.Text)
    valComputer = Val(txtComputer.Text)

    Me.Hide                      ' 隐藏本窗口
    frmMain.Show                 ' 显示主窗口
End Sub
```

窗体 frmCalculate 中添加代码如下：

```
' 当窗体被激活时触发此事件
Private Sub Form_Activate()
    ' 从全局变量读取值
    lblName.Caption = strName
lblNum.Caption = strNum
' 调用全局函数计算平均分和总分
' Str 函数用来把数值转换成字符串
' Trim 函数用来去除字符串两端的空格
    lblAverage.Caption = Trim(Str(Average()))
    lblSum.Caption = Trim(Str(Sum()))
End Sub

Private Sub cmdReturn_Click()
    Me.Hide                      ' 隐藏本窗口
    frmMain.Show                 ' 显示主窗口
End Sub
```

7.2.6　其他窗体方法

除了前面介绍的与多窗体设计有关的方法外，窗体还有其他一些通用的方法，本节介绍其中常用的几个。

1. Print 方法

Print 方法用来在窗体上输出数据和文本。

格式：[对象名.]Print 表达式

对象名即窗体名，若省略，则表示调用当前窗体的 Print 方法。

表达式可为数值或字符串。对于数值表达式，先求表达式的值，然后再输出；字符串表达式将按原样输出。若无表达式，则输出一个空行。

例 7-6　新建一个工程，将窗体 ScaleMode 属性设置为"3–Pixel"，在窗体中添加 MouseDown 事件，添加事件代码如下：

```
Private Sub Form_MouseDown(Button As Integer, Shift As Integer, X As Single, Y As Single)
    Print "鼠标 X 坐标为："
    Print X
    Print "鼠标 Y 坐标为："
    Print Y
    Print "X+Y="
    Print X+Y
    Print
    Print "当前日期为："
    Print Date        ' Date 函数返回系统当前日期
End Sub
```

运行程序，在窗体任意位置按下鼠标键（左中右键均可），则输出结果如图 7-22 所示。

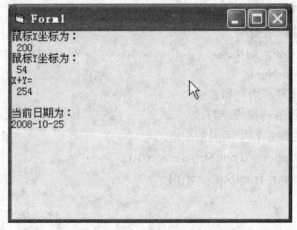

图 7-22　例 7-6 程序运行结果

上面的例子每行只打印一个表达式，使得最后输出的结果看起来有些别扭。实际上，Print 语句可以一次输出多个表达式，各表达式之间用分隔符隔开即可。逗号、分号、空格或&符号，均可作为分隔符。其中，使用逗号作分隔符，输出时各表达式之间间隔 14 个字符，而使用其他分隔符则以紧凑形式输出。

例 7-7　修改例 7-6 代码如下，输出结果如图 7-23 所示。

```
Private Sub Form_MouseDown(Button As Integer, Shift As Integer, X As Single, Y As Single)
    Print "鼠标 X 坐标为："; X; "Y 坐标为："; Y
    Print "X+Y="; X + Y
    Print "X+Y=", X + Y
    Print
    Print "当前日期为："&Date
End Sub
```

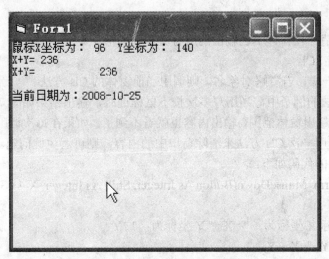

图 7-23 例 7-7 程序运行结果

从前面的例子可以看出，Print 方法会自动换行，即下一条 Print 语句都从新的一行开始输出。可以在 Print 语句末尾加上逗号或分号来禁止自动换行。

例 7-8 下面的代码输出效果和图 7-24 完全一样。

```
Private Sub Form_MouseDown(Button As Integer, Shift As Integer, X As Single, Y As Single)
    Print "鼠标 X 坐标为：" ; X ;
    Print " Y 坐标为：" ; Y
    Print "X+Y=";
    Print X + Y
    Print "X+Y=", X + Y
    Print
    Print "当前日期为：" &Date
End Sub
```

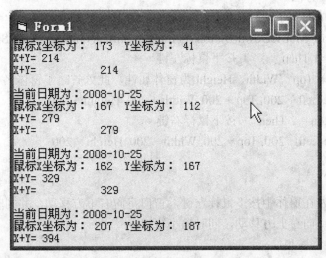

图 7-24 例 7-8 程序运行结果

2. Cls 方法

Cls 方法用来清除在窗体上已输出的所有文本和图形。

格式：[对象名.]Cls

与 Print 方法一样，若省略对象名，则调用当前窗体的 Cls 方法。

前面 Print 方法的例子中，当用户多次按下鼠标键时，输出结果如图 7-23 所示。输出内容不断下移，最终超出窗体范围，输出内容也就看不到了。如果在每次调用一系列 Print 方法开始输出前，都调用一次 Cls 方法来清除窗口中的内容，则可避免此问题。

修改前面例子的代码如下：

```
Private Sub Form_MouseDown(Button As Integer, Shift As Integer, X As Single, Y As Single)
    Cls
    Print "鼠标 X 坐标为：" ; X ; " Y 坐标为：" ; Y
    Print "X+Y="; X + Y
    Print "X+Y=", X + Y
    Print
    Print "当前日期为："&Date
End Sub
```

此时，不论点击多少次鼠标，窗体中将始终只显示最后一次的输出结果，效果如图 7-22 所示。

另外，值得一提的是，除窗体外，图片框控件也有 Print 和 Cls 方法，使用方法也与窗体相似。

3. Move 方法

大多数控件（如窗体、按钮控件、文本框控件等）都有 Move 方法。使用该方法可以移动对象，在移动的同时还可改变对象的大小。

格式：[对象名.]Move Left [,Top] [,Width] [,Height]

其中，Left 和 Top 分别表示对象左上顶点的横坐标与纵坐标，Width 和 Height 分别表示对象的宽度与高度。Left 参数是必需的，而其他参数都是可选的。若省略对象名，则表示调用当前对象的 Move 方法。

还是看一个简单的例子，打开代码窗口，输入如下代码：

```
Private Sub Form_MouseDown(Button As Integer, Shift As Integer, X As Single, Y As Single)
    If Button = 1 Then      ' 按下鼠标左键
        'Left、Top、Width、Height 为窗体属性，此处省略了窗体名
        Move Left + 200, Top + 200, Width + 200, Height + 200
    ElseIf Button = 2 Then   ' 按下鼠标右键
        Move Left - 200, Top - 200, Width - 200, Height - 200
    End If
End Sub
```

运行此程序，若在窗体中按下鼠标左键，窗口将向右下方移动，并同时放大窗口；若按下鼠标右键，则窗口向左上方移动，同时缩小窗口。

第8章 ⊕ 文 件

8.1 文件的概念

数据处理是应用程序设计的常见内容。数据处理是指对各种数据进行收集、存储、加工和传播的一系列活动的总和。数据的加工通常是在内存中进行的，那么，如何将原始数据输入内存，又如何将数据处理结果进行存储以及传输呢？

将数据直接通过键盘、显示器等标准输入输出设备进行输入输出是最基本的办法，但若想实现数据的永久性保存，便于以后的传输，就必须将数据以文件的形式保存在外部存储介质上。

每个文件都由一个文件名进行标识，文件名是由主文件名、圆点和扩展名等构成的。为了对特定的文件进行处理，需要唯一的标识一个文件，即既要指出文件的存放位置，又要指出文件的名字，这就是文件的全名。它的一般格式为：驱动器名:\路径名\文件名。

8.1.1 文件的结构

为了有效地存储和读取数据，数据必须以特定的方式存放，这种特定的方式称为文件结构。Visual Basic 文件通常由记录的集合构成，这些记录可以分为等长和变长记录。记录由字段组成，字段由字符组成。

字符：是构成文件的最基本单位，凡是单一字节、数字、标点符号或其他特殊符号都是一个字符。如果使用到汉字，则一个汉字占用两个字节。

字段：也称域。字段一般是由几个字符所组成的一项独立的数据，每个域都有一个域名，每个域中具体的数据值称为该域的域值。

记录：是由一组相关的字段组成的一个逻辑单位，每个记录有一个记录名，用来表示一个唯一的记录结构，记录是用计算机进行信息处理中的基本单位。例如：在学生基本信息表中有多个字段：学号、姓名、性别、出生日期等，这些字段构成一个记录。

文件：是由具有同一记录结构的所有记录组成的集合。每个文件都应该有一个文件名，它是对文件进行访问的唯一手段。

8.1.2 文件的分类

按照不同的标准，文件可分为不同的类型。

1. 按数据性质分类

如果按数据性质分，文件可以分为程序文件和数据文件。

程序文件是指可以由计算机执行的程序以及运行程序所需的支持文件。在 Visual Basic 中，扩展名为.exe、.frm、.vbp 等的文件都是程序文件。学习程序设计课程的主要目的就是要编写计算机可以执行的程序文件。

数据文件是指用来存放普通数据的文件，如：扩展名为.dat、.txt 等的文件。数据文件中存放的内容是程序中所需要的数据。这些数据必须通过程序来存取和管理。

2. 按数据的存取方式和结构分类

如果按数据的存取方式和结构分，文件可分为顺序文件和随机文件。

（1）顺序文件。

顺序文件是文本文件。顺序文件中的每条记录按顺序存放，记录之间以回车换行符 Chr(13)&Chr(10)作为分隔符，记录的长度也可按需要变化。在这种文件中，只知道第一个记录的存放位置，其他记录的位置无从知道。当要读取或查找某个数据时，只能从文件头开始，一个记录一个记录地顺序读取，直到找到目标记录。

顺序文件的组织比较简单，当建立文件时，只要将数据按一个接一个的顺序写到文件中即可，但维护较为困难，为了修改某条记录，必须将整个文件读入内存，修改完后重新写入文件。追加记录只能在文件尾进行。由于顺序文件不能灵活地存取和增减数据，因此顺序文件适用于数据有规律且不经常修改数据的情况。

顺序文件的主要优点是文件结构简单，占用内存空间少，容易使用。磁带等用于顺序文件的读写。

（2）随机文件。

随机文件也称为直接文件。在随机文件中，每条记录的长度固定，记录中每个字段的长度也固定。此外，随机文件的每个记录都有一个记录号。在写入数据时，只要指定记录号，就可以把数据直接存入指定位置。而在读取数据时，只要给出记录号，就能直接读取该记录，不必考虑各个记录的排列顺序或位置，可根据需要访问文件中的任意记录。

在随机文件中，可以同时进行读、写操作，因而能快速地查找和修改每个记录，不必为修改某个记录而对整个文件进行读写操作。

随机文件的优点是数据的存取灵活、修改方便，主要缺点是占用空间大，数据组织较为复杂。磁盘等用于随机文件的读写。

3. 按数据编码方式分类

如果按数据编码方式分，文件可以分为 ASCII 文件和二进制文件。

（1）ASCII 文件。

ASCII 文件又称文本文件，文件中的数据以 ASCII 码进行存储。这种文件可以用字处理软件建立和修改（必须按纯文本文件保存），可以使用普通的文本处理工具来阅读，如记事本、写字板等。

（2）二进制文件。

文件中的数据以二进制编码方式进行存储。它以字节为最小定位单位，没有任何附加结构和附加描述，允许程序按所需的任何方式组织和访问数据。二进制文件不能用普通的字处理软件进行编辑，只能由创建它的应用程序编辑。它所占空间较小，在对二进制文件进行读写操作时，通常以字节数为单位来定位数据，如果知道文件中的组织结构，则任何文件都可以当做二进制文件来处理。

应用程序可以用各种方式对二进制文件进行存取。

二进制文件与随机文件类似，都是代码文件，但是二进制文件没有数据类型、记录长度等含义。二进制文件可以用随机方式打开处理，但不能用顺序方式打开。然而，无论是顺序文件还是随机文件，都可以用二进制方式打开，只要知道文件的结构就能对数据进行处理。

文件的操作可分为两类：一类是文件的管理，如文件复制、重命名、删除；另一类是文件的读写，如打开文件，文件内容的读取、插入、修改、删除、查找等。

8.1.3 数据文件的读写操作

1. 数据文件的读写操作步骤

数据文件读写的操作一般有以下 3 个步骤：

（1）打开（或建立）文件。

这是为文件准备一个读写时的缓冲区，并声明文件的打开方式，确定"文件号"。这样，在后续的操作中，只需通过文件号对该打开的文件进行操作。

一个文件必须打开（或建立）后才能使用。如果一个文件不存在，则建立该文件，如果已存在，则打开该文件。

（2）对文件进行读/写操作。

把外部存储介质上的文件中的数据传输到内存中的操作叫做"读"；把内存中的数据传输到外部存储介质上并作为文件保存的操作叫做"写"。一般来说，在主存与外设的数据传输中，由主存到外设的数据传输操作叫做输出或写，而由外设到主存的数据传输操作叫做输入或读。

（3）关闭文件。

将文件缓冲区中的所有数据写入文件中，并释放与该文件相关的"文件号"。文件的读写操作结束后，必须关闭文件，否则会造成文件中数据丢失等现象。在程序结束时将自动关闭所有打开的数据文件。

2. 文件指针

文件打开后，会自动生成一个文件指针，文件的读写操作都是从文件指针所指的位置开始的。打开一个文件，文件指针一般指向文件的开始（例外情况：append 方式打开的文件，其文件指针指向文件末尾）。每完成一次读写操作，文件指针会自动移到下一个记录开始的位置。

在 Visual Basic 中，数据文件的操作通过有关的语句和函数来实现。以下分别加以介绍。

3. 与文件操作有关的几个函数

（1）CurDir 函数。

格式：**CurDir** [(<驱动器名>)]

功能：返回当前的路径。

说明：<驱动器名>是一个字符串表达式，它指定一个存在的驱动器。如果没有指定驱动器，或<驱动器名>是零长度字符串 ("")，则 CurDir 会返回当前驱动器的路径。

举例：假设 C 为当前的驱动器，假设 C 驱动器的当前路径为 "C:\WINDOWS\SYSTEM"，假设 D 驱动器的当前路径为 "D:\EXCEL"。

Dim MyPath

MyPath = CurDir   ' 返回"C:\WINDOWS\SYSTEM"

MyPath = CurDir("C")   ' 返回"C:\WINDOWS\SYSTEM"

MyPath = CurDir("D")   ' 返回"D:\EXCEL"

（2）Eof 函数。

格式：Eof(<文件号>)

功能：用来测试文件的结束状态。文件指针指向文件末尾时返回 true，否则返回 false。

说明：使用 EOF 函数是为了避免因试图在文件结尾处进行输入而产生的错误。常用来在循环中测试是否已到文件尾。

（3）FileAttr 函数。

格式：FileAttr(<文件号>，<属性>)

功能：返回一个整型数，表示使用 Open 语句所打开文件的文件方式。

说明：<属性>指明返回信息的类型，它可以是两个值，即 1 和 2。当取值为 1 时，FileAttr 函数返回一个表示文件存取模式的代码，如表 8-1 所示。

表8-1 文件存取模式的代码表

模式	Input	Output	Random	Append	Binary
值	1	2	4	8	32

（4）FileLen 函数。

格式：FileLen(<文件名>)

功能：返回尚未打开的文件的字节数。

说明：如果所指定的文件已经打开，则返回的值是这个文件在打开前的大小。

（5）FreeFile 函数。

格式：FreeFile()

功能：返回第一个可用的文件号。

（6）GetAttr 函数。

格式：GetAttr(<文件名>)

功能：返回一个 Integer，此为一个文件、目录、或文件夹的属性。

说明：GetAttr 返回的值与文件属性值的对应关系如表 8-2 所示。

表8-2 GetAttr返回的值与文件属性值的对应关系表

常 数	值	描 述
vbNormal	0	常规
vbReadOnly	1	只读
vbHidden	2	隐藏
vbSystem	4	系统文件
vbDirectory	16	目录或文件夹
vbArchive	32	上次备份以后，文件已经改变
vbalias	64	指定的文件名是别名

（7）Loc 函数。

格式：Loc(<文件号>)

功能：对于随机文件，返回最近一次读/写的记录号，即当前读写位置的上一个记录的记录号；对于二进制文件，返回最近一次读/写的字节位置。

（8）Lof 函数。

格式：Lof(<文件号>)

功能：返回已打开文件中所含的字节数。

（9）MkDir 函数。

格式：MkDir [(<目录>)]

功能：创建新目录。

（10）Shell 函数。

格式：Shell(<程序名>[,<窗口样式>])

功能：执行一个可执行文件，返回一个 Variant (Double)。如果成功的话，代表这个程序的任务 ID；若不成功，则会返回 0。

说明：缺省情况下，Shell 函数是以异步方式来执行其他程序的。也就是说，用 Shell 启动的程序可能还没有完成执行过程，就已经执行到 Shell 函数之后的语句。

举例：下列语句可让 Calculator 程序以正常大小的窗口完成，并且拥有焦点。

Dim RetVal

RetVal = Shell("C:\WINDOWS\system32\CALC.EXE", 1)

4. 与文件操作有关的几个语句

（1）ChDir 语句。

格式：ChDir <目录>

功能：设置当前目录。

说明：ChDir 语句改变缺省目录位置，但不会改变缺省驱动器位置。

举例：如果缺省的驱动器是 C，则下面的语句将会改变驱动器 D 上的缺省目录，但是 C 仍然是缺省的驱动器：

ChDir "D:\TMP"

（2）ChDrive 语句。

格式：ChiDrive <驱动器名>

功能：改变当前驱动器。

举例：ChDrive "D"　　' 使"D"成为当前驱动器。

（3）FileCopy 语句。

格式：FileCopy <源文件>,<目标文件>

功能：复制<源文件>指定的文件。

说明：如果想要对一个已打开的文件使用 FileCopy 语句，则会产生错误。

举例：假设 SRCFILE 为含有数据的文件。

Dim SourceFile, DestinationFile

SourceFile = "SRCFILE"　　　　　　' 指定源文件名

DestinationFile = "DESTFILE"　　　　' 指定目的文件名

FileCopy SourceFile, DestinationFile　　' 将源文件的内容复制到目的文件中

（4）Kill 语句。

格式：Kill <文件名>

功能：删除<文件名>指定的文件，文件名可以使用通配符"*"和"?"。

例如假设 TESTFILE 是一数据文件。

Kill "TestFile"   ' 删除

又如将当前目录下所有*.TXT 文件全部删除。

Kill "*.TXT"

（5）Name 语句。

格式：Name <原文件名> As <新文件名>

功能：更改<原文件名>指定的文件名称。

说明：Name 语句重新命名文件并将其移动到一个不同的目录或文件夹中。如有必要，Name 可跨驱动器移动文件。但当<新文件名>和<原文件名>都在相同的驱动器中时，只能重新命名已经存在的目录或文件夹。Name 不能创建新文件、目录或文件夹。在一个已打开的文件上使用 Name，将会产生错误。必须在改变名称之前，先关闭打开的文件。Name 参数不能包括多字符（*）和单字符（?）的统配符。

（6）RmDir 语句。

格式：RmDir <目录>

功能：删除一个已存在的空目录。

说明：如果想要使用 RmDir 来删除一个含有文件的目录或文件夹，则会发生错误。在试图删除目录或文件夹之前，先使用 Kill 语句来删除所有文件。

（7）Seek 语句。

格式：Seek [#]文件号，位置

功能：在 Open 语句打开的文件中，设置下一个读/写操作的位置。

说明：位置是介于 1 – 2，147，483，647 之间的数字，指出下一个读写操作将要发生的位置。

（8）SetAttr 语句。

格式：SetAttr <原文件名>, <属性值>

功能：为一个文件设置属性信息。

说明：如果想要给一个已打开的文件设置属性，则会产生运行时错误。

举例：以下语句分别设置文件的不同属性。

SetAttr "TESTFILE", vbHidden   ' 设置隐含属性

SetAttr "TESTFILE", vbHidden + vbReadOnly   ' 设置隐含并只读

SetAttr "TESTFILE",1   ' 设置隐含属性

8.2　文件系统控件

在 Windows 应用程序中，当打开文件或将数据存入磁盘时，通常要打开一个类似资源管理器的文件操作对话框，利用这个对话框，可以指定驱动器名、目录名以及文件名，方便地查看目录和文件。为了建立这样的对话框，VB 提供了 3 个文件系统控件，即：驱动器列表框、目录列表框、文件列表框。

文件系统控件自动从操作系统获取一切信息，这 3 个控件既可以单独使用，也可以组合起来使用。

向窗体添加这 3 个控件及运行时，它们默认的驱动器和目录是 VB.exe 所在驱动器和目

录，即 VB 程序所在的位置。脱离 VB 环境运行时，则默认为应用程序所在驱动器和目录。

8.2.1　驱动器列表框

驱动器列表框（drive list box）是下拉式列表框。缺省时在用户系统上显示当前驱动器。当该控件获得焦点时，可单击右侧箭头，选择列举出的所有有效的驱动器，也可直接输入有效的驱动器标识符。用户选择新的驱动器，则这个驱动器将出现在列表框的顶端，但这并不能自动改变当前的工作驱动器。可以通过 Drive 属性在操作系统级变更驱动器。

1. 驱动器列表框控件常用属性

（1）Drive 属性（字符串类型）。

用来设置当前驱动器或返回所选择的驱动器名。Drive 属性不能通过属性窗口赋值，只能在程序运行时赋值，赋值的语句格式为：

<驱动器列表框名>.Drive[=驱动器名]

说明：格式中的"驱动器名"为指定的驱动器。也就是说，该驱动器成为当前驱动器。如果省略，则不改变当前驱动器。如果所指定的驱动器在系统中不存在，则产生错误。

程序运行时若选择驱动器，则 Drive 属性值改写为所选择的驱动器名。如：运行时单击驱动器列表框控件 drive1 中的 D：盘符，则 drive1. drive= "D："。

需要注意的是：驱动器列表框中显示的驱动器名，都是由系统自动生成的，用户只能通过列表框选择，不能对驱动器列表框控件使用 AddItem、RemoveItem 等方法添加或删除列表项。

（2）List 属性（字符串数组）。

用该属性可以访问列表项目。List 数组的每一个元素中的字符串为一个驱动器名，数组下标从 0 开始，最后一个项目的索引为 ListCount-1。

List 属性在运行时是只读的。

List 属性和 ListCount、ListIndex 属性结合起来使用。

（3）ListCount 属性（正整数）。

表示系统中驱动器的个数。如果没有选择项目，ListIndex 属性值为-1。列表中的第一项是 ListIndex = 0，并且 ListCount 始终比最大的 ListIndex 值大 1。

（4）ListIndex 属性。

对 DriveListBox 控件，表示在运行时创建该控件时的当前驱动器的索引。DriveListBox 控件的缺省值为-1，表示当前没有选择项目；对于 DirListBox 控件，表示当前路径的索引。

2. 驱动器列表框控件常用事件

Change 事件：运行时，当单击驱动器列表框中某一驱动器图标时，该驱动器的名就赋值给控件的 Drive 属性，同时引发 change 事件。

例 8-1　驱动器列表框属性示例。

操作步骤如下：

（1）新建一窗体，在窗体上添加两个控件：驱动器列表框控件 Drive1 和 picture1。

（2）打开"代码设计"窗口，输入程序代码如图 8-1 所示。

（3）运行程序。单击驱动器列表框中某一驱动器图标，结果如图 8-2 所示。

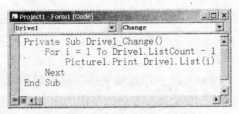

图8-1　驱动器列表框属性示例代码

图8-2　驱动器列表框属性示例

8.2.2　目录列表框

目录列表框（directory list box）是一种列表框控件。它在运行时从最高层目录开始显示用户系统当前驱动器目录结构。根目录出现在列表框的最上端，当前目录名被突出显示。

1. 目录列表框控件常用属性

（1）List 属性（字符串数组）。

返回或设置控件的列表部分的项目。列表是一个字符串数组，数组的每一项都是一列表项目，该控件在运行时是只读的。

（2）ListCount 属性（正整数）。

同 DriveListBox 的 ListCount 属性。

（3）ListIndex 属性（整数）。

索引号序列基于在运行中创建该控件时的当前目录和子目录。当前展开的目录用索引值 -1 表示。前展开目录的上一级目录用绝对值更大一些的负索引值来表示。例如，-2 是当前展开目录的父目录，-3 又是它上一级的目录。当前展开的目录以下的目录的范围是从 0 到 ListCount-1（见图 8-3）。

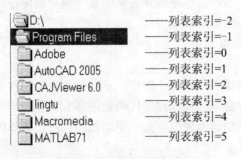

图 8-3　目录列表框的索引值

对列表从-n 到 ListCount-1 逐个取值，得到在当前展开目录中能够见到的所有目录和子目录的列表。在这种情况下，n 是当前展开目录以上的目录级数。

（4）Path 属性（字符串类型）。

返回或设置当前路径。在设计时是不可用的。Path 属性的值是一个指示路径的字符串，例如"C:\" 或 "C:\Windows\System"。其缺省值是当前路径。Path 值的改变将产生一个 Change 事件。

为 Path 属性赋值的语句格式为：

<目录列表框名>.Path[=目录路径名]

注意：对于 DirListBox，Path 的返回值与只返回选定内容的 List(ListIndex)是不同的。

例 8-2 DirListBox 控件的 Path 属性与 List(ListIndex)属性的差异。

操作步骤如下：

①新建一个窗体，在窗体上添加 4 个控件：目录列表框控件 Dir1 和 picture1 及两个标签 label1、label2。分别改变标签的 caption 属性值为："path 属性"和"list(listcount)属性"。

②打开"代码设计"窗口，输入程序代码如图 8-4 所示。

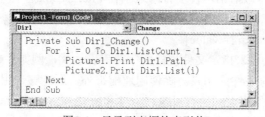

图8-4 目录列表框的索引值

③运行程序，双击目录列表框中某一目录图标，结果如图 8-5 所示。

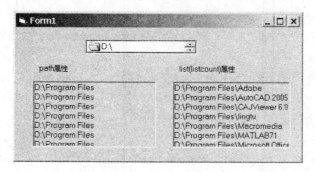

图8-5 目录列表框属性示例

2．目录列表框控件常用事件

（1）Change 事件。

改变所选择的目录时，指示一个控件的内容已经改变。该事件在双击一个新的目录或通过代码改变 Path 属性的设置时发生。

（2）Click 事件。

单击选中目录列表框中的某个目录名时触发该事件，但此时 Path 属性值并未改变。如果希望 Path 属性值也相应改变，可在 Click 事件中写入代码：

<目录列表框名>.Path=<目录列表框名>.List(<目录列表框名>.ListIndex)

8.2.3　文件列表框

文件列表框（File List Box）也是一种列表框控件。它在运行时，显示由 Path 属性指定的包含在目录中的文件。

1．文件列表框常用属性

（1）Path 属性。

返回或设置当前路径。用以设置当前文件列表框控件内所显示文件的存储路径。在设计时是不可用的。Path 值的改变将产生一个 PathChange 事件。

（2）FileName 属性。

返回或设置所选文件的路径和文件名。该属性在设计时不可用。读该属性，返回当前从列表中选择的文件名。如果没有选择文件，FileName 返回 0 长度字符串。

（3）Pattern 属性。

返回或设置一个值，该值指示在运行时显示在 FileListBox 控件中的文件类型。语法格式如下：

<文件列表框名>.Pattern [= value]

说明：value 是一个用来指定文件规格的字符串表达式，例如"*.*"或"*.FRM"。缺省值是"*.*"，它返回所有文件的列表。除使用通配符外，还能够使用分号（;）分隔的多种模式。例如，"*.exe; *.bat"将返回所有可执行文件和所有 MS-DOS 批处理文件的列表。

Pattern 属性的值的改变将产生一个 PatternChange 事件。

2．文件列表框常用事件

（1）PathChange 事件。

当路径被代码中 FileName 或 Path 属性的设置所改变时，此事件发生。

（2）PatternChange 事件。

当文件的列表样式（如："*.*"）被代码中对 FileName 或 Path 属性的设置所改变时，此事件发生。

例 8-3　演示如何更新一个 Label 控件以显示一个 FileListBox 控件的当前路径。在 FileListBox 中双击一个目录名，可在 FileListBox 中显示该目录文件的列表，同时也在 Label 控件中显示目录的全路径。

操作步骤如下：

①新建一窗体，在窗体上添加 3 个控件：1 个 Label 控件、1 个 DirListBox 控件和 1 个 FileListBox 控件。

②打开"代码设计"窗口，输入程序代码如图 8-6 所示。

③执行程序，结果如图 8-7 所示。

例 8-4　使用上述 3 个控件，改变当前工作驱动器、当前目录，选择新文件。

操作步骤如下：

①新建一窗体，在窗体上添加 3 个控件：驱动器列表框控件 Drive1、目录列表框控件 Dir1、文件列表框 File1。同时添加 3 个文本框 Label1、Label2、Label3，改变文本框的 caption 属性。

②打开"代码设计"窗口，输入程序代码如图 8-8 所示。

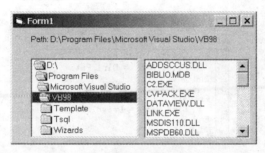

图8-6　文件列表框代码

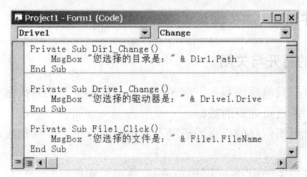

图8-7　文件列表框示例

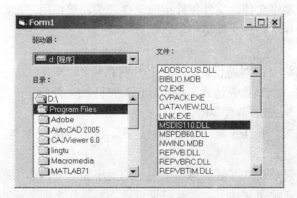

图8-8　使用文件系统控件代码

③执行程序，结果如图 8-9 所示。

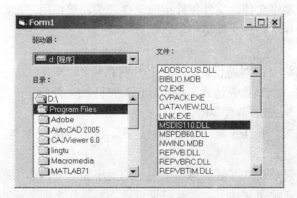

图8-9　文件系统控件实例

④运行上述程序进行操作，发现上述 3 个文件系统控件是相互独立的。但在实际应用中，我们却希望它们 3 个能够联动。

8.2.4　文件系统控件的联动

要让 3 个文件系统控件能够联动，可以通过以下方法实现：当驱动器发生改变时，在其 change 事件中通过命令使目录的 path 属性值进行相应改变；当目录发生改变时，在其 change 事件中通过命令使文件的 path 属性值进行相应改变。如在例 8-3 中，如图 8-10 所示改变程序代码即可。

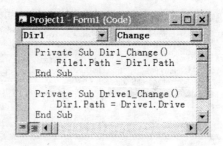

图8-10　文件系统控件的联动代码

8.3　顺序文件

8.3.1　顺序文件的打开与关闭

顺序文件中的数据只能顺序写入、顺序读出，一般不会要求对数据中的个别数据进行修改，因此常用于存储需成批处理的数据。

顺序文件是按行组织信息的，行的长度不固定，每行由若干项组成，且由回车换行符结束。

顺序文件的打开与关闭由 open 语句和 close 语句来实现。

1. 顺序文件的打开

打开顺序文件使用 open 语句，其格式如下：

格式 1：open <文件名> for output as [#] <文件号> [len=记录长度]

功能：建立新的顺序文件，文件指针指向文件开头，等待用户把数据输出到文件。如果磁盘中已经存在该文件，则该文件被刷新。

说明：

（1）<文件名>可以是绝对路径，也可以是相对路径。

（2）<文件号>是一个整数表达式，用来标识为打开的文件而建立的缓冲区。文件号可由用户指定，也可通过 freefile 函数获得。

（3）[len=记录长度]中，len 是一个整型表达式，取值范围为 215-1 字节。用于指定缓冲区的字符数。

在顺序文件中，记录长度不需要与各个记录的大小相对应，因为顺序文件各个记录的长度可以不相同。当打开顺序文件时，在对记录进行读写操作之前，指明记录长度是要提前设置读写操作中缓冲区能加载的字符数，即确定缓冲区的大小。缓冲区越大，占用空间越多，文件的输入输出操作越快；反之，越慢。默认情况下，缓冲区的容量为 512 字节。

例如：open "j:\vbtest\data.txt" for output as #1 表示打开 J 盘上的 vbtest 目录下的文件 data.txt，文件号指定为 1；如果 j:\vbtest\data.txt 文件不存在，则该语句表示建立并打开一个新的数据文件。

格式 2：open <文件名> for append as [#] <文件号> [len=记录长度]

功能：打开一个已有的顺序文件，文件指针指向文件末尾，写入的数据被添加到文件的最后。如果找不到指定的文件，则建立该文件。

例如：open "j:\vbtest\data.txt" for append as #1 表示打开 J 盘上的 vbtest 目录下的文件 data.txt，文件号指定为 1，将新写入的记录追加到文件的后面；如果 j:\vbtest\data.txt 文件不存在，则该语句表示建立并打开一个新的数据文件。

格式 3：open <文件名> for input as [#] <文件号> [len=记录长度]

功能：打开已存在的顺序文件以便读出记录。

注意：对同一个文件可以用几个不同的文件号打开，每个文件号有自己的一个缓冲区。对于不同的访问模式，可以使用不同的缓冲区。但是，当使用 output 或 append 模式时，必须先将文件关闭，才能重新打开文件。而当使用 input、random 或 binary 模式时，不必关闭文件就可以用不同的文件号打开文件。

2. 顺序文件的关闭

关闭顺序文件使用 close 语句，其格式如下：

Close [[#]文件号][, [#]文件号]……

功能：关闭与各文件号相关联的文件。缺省文件号，则关闭所有打开的文件。如果程序中没有 close 语句，在程序结束时，系统将自动关闭所有打开的文件。

8.3.2　顺序文件的读写操作

顺序文件的写文件要用 Write #或 Print #语句，由 Input #语句读出文件的数据。

1. 写顺序文件

向顺序文件写入数据用 write 语句，其格式如下：

格式 1：write　[#] <文件号>，[表达式列表]

功能：将数据写入顺序文件。

说明：

（1）表达式列表中的各输出项可以是字符串表达式或数值表达式，各项之间用空格、逗号或分号隔开。

（2）如果在语句的最后是逗号，则后续语句写入的输出项将在同一行接着输出。如果最后无逗号，则自动插入换行符。

（3）对于不同数据类型的输出项，该语句会自动添加不同的符号予以区分：对于数值型数据，直接用数据格式书写；对于字符串数据，用双引号括起来；对于逻辑性和日期型数据，用"#"号括起来。

（4）当使用 write 语句时，文件必须以 output 或 append 方式打开。

例 8-5　建立顺序文件 f1.txt，向文件中写入不同数据，观察不同类型数据格式。

操作步骤如下：

①新建一窗体，在窗体上添加一按钮 Command1。

②打开“代码设计”窗口，输入程序代码如图 8-11 所示。

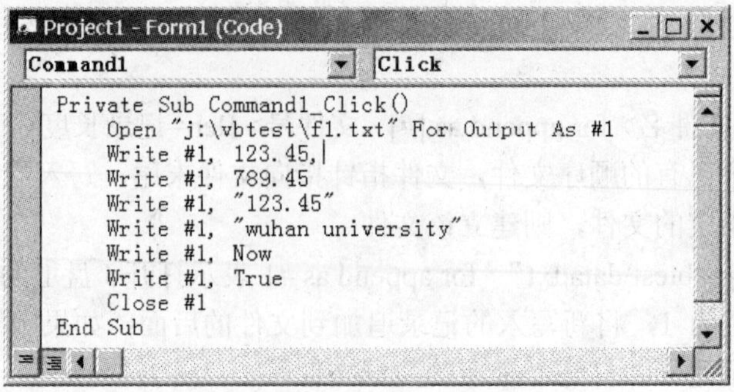

```
Private Sub Command1_Click()
    Open "j:\vbtest\f1.txt" For Output As #1
    Write #1, 123.45,
    Write #1, 789.45
    Write #1, "123.45"
    Write #1, "wuhan university"
    Write #1, Now
    Write #1, True
    Close #1
End Sub
```

图8-11　建立顺序文件并写数据

③执行上述程序后，会产生“j:\vbtest\f1.txt”文件，如图 8-12 所示。

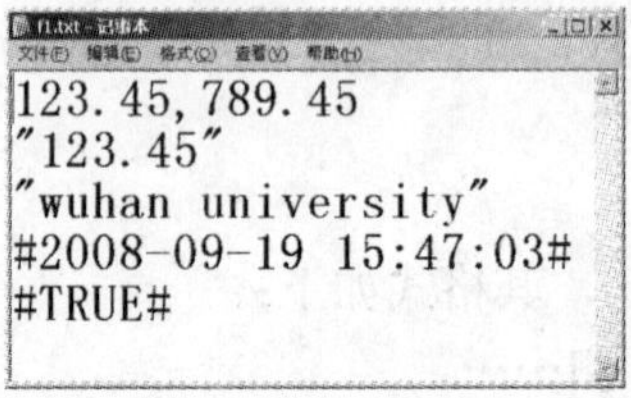

```
123.45,789.45
"123.45"
"wuhan university"
#2008-09-19 15:47:03#
#TRUE#
```

图8-12　用记事本打开的顺序文件内容

格式 2：print　[#] <文件号>，[{Spc(n) | Tab[(n)]}] [表达式列表][;|,]

功能：将格式化显示的数据写入顺序文件中。将输出项的值直接写入顺序文件，数据类型不使用标识符。

说明：

（1）Spc(n)用来在输出数据中插入空白字符，而 n 指的是要插入的空白字符数。Tab(n) 用来将插入点定位在某一绝对列号上。这里，n 是列号。

（2）表达式之间可用逗号或分号隔开。当用分号时，表示紧凑格式；当用逗号时，表示系统定义格式；如果最后一数据项后不带符号，则插入换行。

（3）print 语句的任务只是将数据送到缓冲区，数据由缓冲区写到磁盘文件的操作则由文件系统完成。也就是说，只有关闭文件或缓冲区已满，或缓冲区未满但执行下一个 print 语句时，才进行写盘操作。

（4）print 语句与 print 方法的功能类似。print 方法所写的对象是窗体、打印机或控件，而 print 语句所写的对象是文件。

（5）print 语句一般只适用于浏览数据，向顺序文件写入数据一般使用 write 语句。

例 8-6　使用 print 语句向顺序文件 f1.txt 中继续写入不同数据，与例 8-5 进行比较。

操作步骤如下：

①打开例 8-5 所使用的窗体。

②打开“代码设计”窗口，修改程序代码如图 8-13 所示。

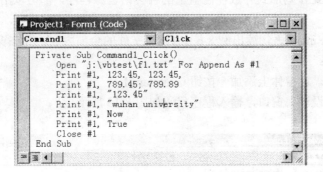

图8-13 使用print语句向顺序文件写入不同数据

③执行上述程序后，打开"j:\vbtest\f1.txt"文件，如图 8-14 所示。

图8-14 用记事本打开的顺序文件内容

注意： 如果今后想用 Input#语句读出文件的数据，就要用 Write #语句而不用 Print #语句将数据写入文件。因为在使用 Write #时，将数据域分界就可确保每个数据域的完整性，因此可用 Input # 再将数据读出来。使用 Write #还能确保任何地区的数据都被正确读出。

2. 读顺序文件

读顺序文件可用 input#和 line input#语句，也可使用 input 函数。

格式 1： input #<文件号>,<变量列表>

功能： 从打开的顺序文件中读出数据，并赋给<变量列表>中的各个变量。

说明：

（1）变量列表中的变量之间用逗号隔开。变量不能使用自定义数据类型和数组，但可以使用数组元素或自定义数据类型的元素。

（2）文件中数据项的顺序必须与变量列表中变量的顺序相同，类型也要相匹配。

（3）在读入数据项时，如果到达文件尾，则会中止读入，并产生一个错误。

格式 2： line input [#]<文件号>,<变量名>

功能： 从打开的顺序文件中读一行字符串，直到遇到 Chr(13)或 Chr(13)& Chr(10)为止。然后把字符串赋给指定的变量。

说明：

（1）变量名所指定的变量应该是一个 string 或 variant 类型。

（2）每读出一行，都把这一行按字符串对待。

（3）对于以 ASCII 码形式存放在磁盘上的各种语言源程序，都可以用该语句一行一行地读取。

例 8-7 用 line input 语句读出例 8-6 中 f1.txt 文件的全部内容，并在窗体中显示出来。

操作步骤如下：

①新建一窗体，在窗体上添加一按钮 Command1。

②打开"代码设计"窗口，输入程序代码如图 8-15 所示。

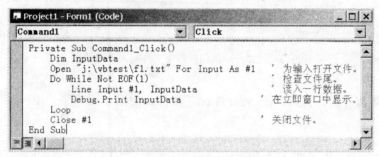

```
Private Sub Command1_Click()
    Dim InputData
    Open "j:\vbtest\f1.txt" For Input As #1    ' 为输入打开文件。
    Do While Not EOF(1)                         ' 检查文件尾。
        Line Input #1, InputData                ' 读入一行数据。
        Debug.Print InputData                   ' 在立即窗口中显示。
    Loop
    Close #1                                    ' 关闭文件。
End Sub
```

图 8-15 用 line input 语句读文件

③运行程序，执行结果如图 8-16 所示。

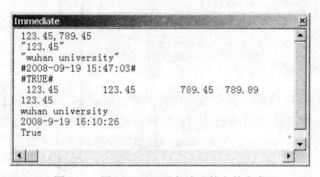

```
123.45, 789.45
"123.45"
"wuhan university"
#2008-09-19 15:47:03#
#TRUE#
 123.45         123.45          789.45  789.89
123.45
wuhan university
2008-9-19 16:10:26
True
```

图 8-16 用 line input 语句读出的文件内容

格式 3：input (\<number>, [#]\<文件号>)

功能：从以 input 或 binary 方式打开的文件中读入\<number>个字符，并作为函数的返回值。

说明：

（1）input 函数返回的字符包括逗号、回车符、换行符、引号、空格等。

（2）input 函数值型二进制输入，它把一个文件作为非格式的字符流来读取。因此，当需要用程序从文件中读取单个字符时，或者使用程序读取一个二进制或非 ASCII 码文件时，可以使用该函数，把整个文件解释为一个大的字符串。

例如：string1=input(10,#1) 表示从文件号为 1 的文件中读取 10 个字符，并把它赋给变量 string1。

例 8-8 将文件"j:\vbtest\f1.txt"复制到"j:\vbtest\f2.txt"。

操作步骤如下：

①新建一窗体，在窗体上添加一按钮 Command1。

②打开"代码设计"窗口，输入程序代码如图 8-17 所示。

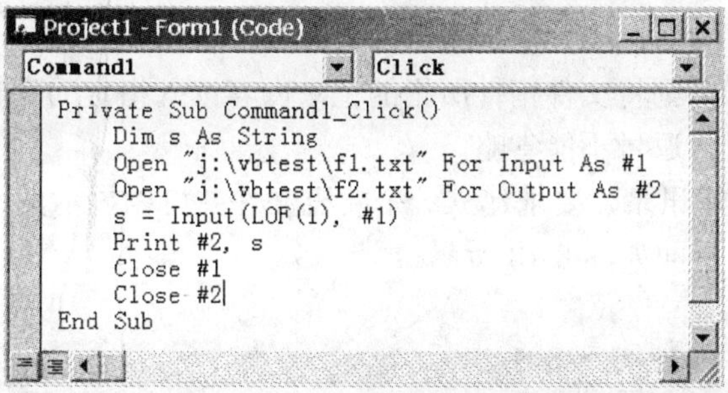

```
Project1 - Form1 (Code)                    _ □ ×
Command1              ▼   Click              ▼
Private Sub Command1_Click()
    Dim s As String
    Open "j:\vbtest\f1.txt" For Input As #1
    Open "j:\vbtest\f2.txt" For Output As #2
    s = Input(LOF(1), #1)
    Print #2, s
    Close #1
    Close #2
End Sub
```

图 8-17　用 input 函数读文件数据

③分别打开"j:\vbtest\f1.txt"和"j:\vbtest\f2.txt"，两个文件内容完全相同。

8.4　随机文件

8.4.1　随机文件的打开与关闭

1. 打开随机文件

格式：open <文件名> [for random] as [#]<文件号>[len=<记录长度>]

功能：以随机方式打开指定文件，并指定记录长度，为读写数据作好准备。

说明：

（1）当指定的文件不存在时，则建立该文件。

（2）无论有无 for random 子句，文件都以随机方式打开。

（3）打开随机文件后，文件指针指向第一个记录，之后可将指针定位到文义记录位置。

（4）记录长度是指文件中每个记录的字符数。取值范围是整数 1~32767。若省略[len=<记录长度>]，则记录的默认长度为 128 字节。

例如：open "j:\vbtest\file1.txt" for random as #1 len=100 表示以随机读写的方式打开 J 盘 vbtest 目录下的 file1.txt 文件，记录长度定为 100，文件号为 1。

2. 关闭随机文件

关闭随机文件与关闭顺序文件的语句相同。

8.4.2　写随机文件

格式：put [#]<文件号>,[记录号],<变量名>

功能：将指定变量中的数据写入由记录号指定的记录位置。

说明：

（1）记录号是一个 1~231 之间的整数。若缺省记录号，则将数据写入到文件指针所指的记录位置。缺省记录号时，逗号不能省略。

（2）变量名所指的变量可以是任意数据类型。

8.4.3 读随机文件

格式：get [#]<文件号>,[记录号],<变量名>

功能：将随机文件中记录号指定的数据读入由变量名指定的变量中。

说明：

（1）若缺省记录号，则将文件指针所指的记录内容读入指定的变量中。

（2）缺省记录号时，逗号不能省略。

例 8-9 编写一个通讯录，要求建立一个随机文件并可以显示文本内容，实现简单的我的通讯录的输入输出。界面如图 8-18 所示。

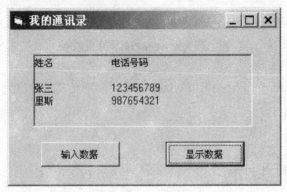

图 8-18　我的通讯录

操作步骤如下：

①新建一窗体 form1，在窗体上添加两个按钮 Command1、Command2 和一个图片框 picture1。

②在"属性窗口"，分别修改 form1、Command1、Command2 的 caption 属性值为"我的通讯录"、"输入数据"、"显示数据"。

③打开"代码设计"窗口，添加一个标准模块，定义一个记录类型 myfriendtel，如图 8-19 所示。

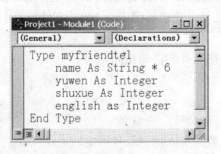

图 8-19　在标准模块中定义一个记录类型

④定义两个全局变量 myft、record，输入程序代码如图 8-20 所示。

```
Project1 - Form1 (Code)                                        _ □ ×
Command2                              ▼   Click                        ▼
    Dim myft As myfriendtel
    Dim record As Integer

    Private Sub Command1_Click()
        With myft
            .name = InputBox("请输入姓名", "我的通讯录")
            .tel = InputBox("请输入电话号码", "我的通讯录")
        End With
        Open App.Path & "\myfriendphone.cat" For Random As #1 Len = Len(myft)
        record = LOF(1) / Len(myft) + 1
        Put #1, record, myft
        Close #1
    End Sub

    Private Sub Command2_Click()
        Open App.Path & "\myfriendphone.cat" For Random As #1 Len = Len(myft)
        Picture1.Print "姓名", "电话号码"
        Picture1.Print
        Do While Not EOF(1)
            Get #1, , myft
            Picture1.Print myft.name, myft.tel
        Loop
        Close #1
```

图 8-20 读写随机文件的数据

8.4.4 随机文件访问的一般步骤

随机文件是一种由记录构成、打开后可随机读写其中任一记录的文件。对随机文件的随机文件访问一般遵循如下步骤：

（1）定义数据类型。在读写文件之前，须先在模块中定义一个特殊的自定义类型（即记录型）。因为记录型数据中所有的变量都必须是定长变量，比如字符串就必须是定长字符串。

（2）打开随机文件。

（3）读写随机文件。

（4）关闭随机文件。

第9章 多媒体应用

在程序设计中，经常需要进行图形，动画及多媒体方面的处理。Visual Bisic 作为一款功能强大的可视化编程软件，自然少不了对多媒体的支持。本章将主要介绍程序对图形、图像，动画、音频以及视频的操作，包括图形操作基础、图形控件、常用的绘图方法来制作简单动画以及利用多媒体控制接口控件，在程序中加入音频、视频等多媒体资源的方法。

9.1 绘图基础

9.1.1 坐标系统

Visual Bisic 系统中每一个容器对象都有一个独立的默认坐标系统，是设计图形必不可少的工具。每一个图形操作（包括调整大小、移动和绘图）都要使用绘图区或容器的坐标系统。坐标系统是一个二维网格，可定义在屏幕、窗体或其他容器中。

坐标系统由坐标原点、坐标度量单位及坐标轴的长度和方向这 3 个元素构成。在默认情况下，任何容器的坐标系统的坐标原点都是在容器的左上角（0，0）处。水平方向从左向右作为二维坐标系的 X 轴，最左端 X 值为 0；竖直方向从上向下作为二维坐标系的 Y 轴，最上端 Y 值为 0。这样平面上某一个点的坐标就可以用（x,y）的方法表示。沿坐标轴定义位置的度量单位，默认为缇（twip）。如图 9-1 所示。

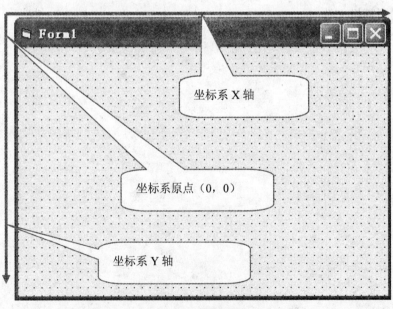

图 9-1 坐标系统

1. 坐标系的常用属性

在 Visual Bisic 中除了提供有系统标准坐标系外，还允许用户自定义坐标系统。坐标系统包括坐标轴的起点、方向和坐标系统度量单位，这些都是可以通过改变对象的属性做到的。下面就来介绍这些属性。

（1）ScaleTop 和 ScaleLeft 属性。

这两个属性用于返回或设置一个对象左边（scaleleft）和顶端（scaletop）的坐标，根据这两个属性值可以形成坐标原点。所有对象的 ScaleLeft 和 ScaleTop 属性值默认为 0。用户既可以在属性窗口中设置，如图 9-2 所示，也可以在代码中设置这两个属性。

语法：

object.ScaleLeft[=value]

object.ScaleTop[=value]

例如：

Form1. ScaleLeft=100

Form1. ScaleTop=100

这两条语句将设置 Form1 窗体对象的坐标原点为（100，100）。虽然这两条语句不会改变当前对象的大小和位置，但却会影响后面一些语句的作用。

例如，在当前设置好的 Form1 的 ScaleLeft 和 ScaleTop 属性后面，下面的语句将使得命令按钮 Command1 置于窗体 Form1 的最左端。

Command1.Left＝100

（2）ScaleHeight 和 ScaleWidth 属性。

这两个属性用于返回或设置对象内部的水平（ScaleWidth）和垂直（ScaleHeight）的单位数。在我们用鼠标拖动改变一个窗体的大小后，该窗体的 ScaleHeight 和 ScaleWidth 属性就会做相应的改变，如图 9-3 所示。

用户也可以在代码中设置该属性，语法是：

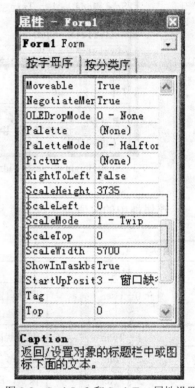

图 9-2 ScaleLeft 和 ScaleTop 属性设置

object.ScaleHeight [=value]

object.ScaleWidth [=value]

注：如果省略"object"，则表示指的是当前窗体。

例如：

Form1. ScaleHeight＝1000

Form1. ScaleWidth＝1000

（3）ScaleMode 属性。

该属性用于设置对象所在坐标系的度量单位，用户可以在属性窗口中的"ScaleMode"下拉菜单中设置该属性。共有 8 种单位形式，默认值为 1，如图 9-4 所示。

图 9-3 ScaleHeight 和 ScaleWidth 属性设置

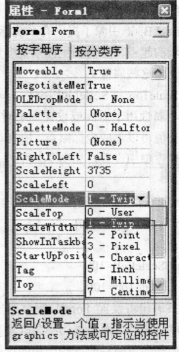

图 9-4 ScaleMode 属性设置

该属性中的取值及其对应意义见表 9-1。

表 9-1 单位取值

取值	度量单位
0－User	用户自定义类型，即通过 ScaleLeft、ScaleTop、ScaleWidth 和 ScaleHeigh 4 项属性中的一个或者多个进行设置
1－Twip	缇（默认值），1 英寸等于 1440 缇，1 厘米等于 567 缇
2－Point	磅，每英寸 72 磅
3－Pixel	像素，即监视器或打印机分辨率的最小单位
4－Character	字符，默认高＝240 缇，宽＝120 缇
5－Inch	英寸
6－Millimeter	毫米
7－Centimeter	厘米

用户也可以在代码中设置该属性，语法是：

object.Scale Mode [=value]

例如：

Form1.Scale Mode＝3

该语句表示，将窗体 Form1 的坐标系单位设置为像素。

（4）Left 和 Top 属性。

Left 属性用于返回或设置对象内部的左边与容器左边之间的距离。语法是：

object. Left [＝value]

Top 属性返回或设置对象内部的顶部和容器顶部之间的距离。语法是：

object. Top [＝value]

（5）Height 和 Width 属性。

Height 属性用于返回或设置对象的高度。语法是：

object. Height [＝value]

Width 属性用于返回或设置对象的宽度。语法是：

object. Width [＝value]

（6）CurrentX 和 CurrentY 属性。

这两个属性用于返回或设置下一次打印或绘图方法的水平（CurrentX）或垂直（CurrentY）坐标，语法是：

object. CurrentX [＝x]

object. CurrentY [＝y]

2. 坐标系常用方法

（1）ScaleX、ScaleY 方法。

该方法用于将窗体、图像框等控件的宽度或高度值从一种度量单位转换为另一种度量单位，语法是：

object. ScaleX(width,fromscale,toscale)

object. ScaleY(height,fromscale,toscale)

语句的含义见表 9-2。

表 9-2 　　　　　　　　　　　　**ScaleX、ScaleY 方法**

关键字	含　义
object	对象表达式，若省略对象，则带有焦点的窗体为默认对象
width	为对象指定被转换的度量单位的宽度值
height	为对象指定被转换的度量单位的高度值
fromscale	为一个常数或数值，用于指定对象的宽度或高度从哪一种坐标系统进行转换
toscale	为一个常数或数值，用于指定对象的宽度或高度转换到哪一种坐标系统

其中，fromscale 和 toscale 的值及其含义见表 9-3。

（2）Scale 方法。

该方法用于定义窗体、图像框或其他控件的坐标系统。其语法格式如下：

object.Scale(x1,y1)-(x2,y2)

其中，object 是对象表达式，如果省略对象，则表示带有焦点的窗体默认为对象；x1,y1 用于定义对象左上角的水平（x 轴）和垂直（y 轴）的坐标，即 x1,y1 的值决定了 ScaleLeft 和 ScaleTop 属性的值；x2,y2 用于定义对象右下角的水平（x 轴）和垂直（y 轴）的坐标。两个 x 坐标之间的差值和两个 y 坐标之间的差值分别决定了 ScaleWidth 和 ScaleHeight 属性的值。

表 9-3   **fromscale 和 toscale 值**

取值	度 量 单 位
0－User	用户自定义类型，即通过 ScaleLeft、ScaleTop、ScaleWidth 和 ScaleHeigh 4 项属性中的一个或者多个进行设置
1－Twip	缇（默认值），1 英寸等于 1440 缇，1 厘米等于 567 缇
2－Point	磅，每英寸 72 磅
3－Pixel	像素，即监视器或打印机分辨率的最小单位
4－Character	字符，默认高＝240 缇，宽＝120 缇
5－Inch	英寸
6－Millimeter	毫米
7－Centimeter	厘米

例如：自定义一个窗体的坐标系统，语句如下：

Scale(100,200)-(500,600)

Visual Basic 根据给定的坐标参数计算出的坐标系值为：

ScaleLeft=100

ScaleTop=200

ScaleWidth=500-100=400

ScaleHeight=600-200=400

例 9-1 编写一个程序，使用窗体中不同的两个命令按钮说明用 Scale 方法来改变坐标系统后产生的影响。

①在窗体上新建 2 个命令按钮（CommandButton），将控件属性按表 9-4 参数设置。

表 9-4   **设置按钮控件属性**

名称	Caption 属性	控件作用
CmdDef	默认坐标系	在窗体中设置默认坐标系
CmdUser	自定义坐标系	在窗体中设置用户自定义坐标系

②调整上述 2 个命令按钮的位置，如图 9-5 所示。

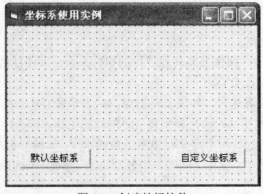

图 9-5 创建按钮控件

③在 Form1 中单击鼠标右键，在弹出的快捷菜单中选择"查看代码"选项，进入代码窗口，添加如下代码：

```
Private Sub CmdDef_Click()        '默认坐标系代码
    Cls
    Form1.Scale                   '采用默认坐标系
    Line(0,0)-(Form1.Width/2,Form1.Height)        '画直线
End Sub
Private Sub CmdUser_Click()       '默认坐标系代码
    Cls
    Form1.Scale(Form1.Width,0)－(0,Form1.Height)           '定义用户坐标系
    Line(0,0)-(Form1.Width/2,Form1.Height)        '画直线
End Sub
```

注：语句 Line(0,0)-(Form1.Width/2,Form1.Height)表示从坐标原点到(Form1.Width/2,From1.Height)画一条直线。

④运行程序。单击"默认坐标系"按钮以及"自定义坐标系"按钮，观察窗体上同一条直线的变化。如图 9-6、图 9-7 所示。

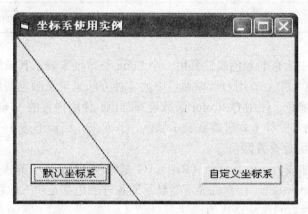

图 9-6　单击默认坐标系效果

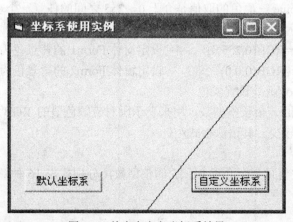

图 9-7　单击自定义坐标系效果

9.1.2 颜色设置

在图形设计中，色彩的应用不仅使得图形表现得更加生动，使人们在视觉上得到享受，而且合理地使用色彩能够更清晰地表达信息。Visual Basic 中提供了多种颜色设置的方法，用户既可以通过调色板和颜色通用设置对话框设置颜色，也可以通过控件中相关的属性设置对象颜色。这些属性中有些也适用于非图形的控件。

1. 用控件属性设置颜色

Visual Basic 中的许多控件都具有能决定控件的显示颜色的属性。这些属性见表 9-5。

表 9-5   颜色设置属性

属性	说　　明
BackColor	对用于绘图的窗体或控件设置背景颜色。如果用绘图方法进行绘图之后改变 BackColor 属性，则已有的图形将会被新的背景颜色所覆盖
ForeColor	设置用绘图方法在窗体或控件中创建的文本或图形的颜色，改变 ForeColor 属性不影响已经创建的文本或图形
BorderColor	对形状控件边框设置颜色
FillColor	设置用 Circle 方法创建的原色和用 Line 方法创建的方框的填充颜色

在 Visual Basic 中所有的颜色属性都用一个 Long 整数型来表示其属性值。绘图时默认的颜色是默认的前景色（黑色），用户可以通过下面 4 种方法来定义颜色属性的值。它们分别是使用 RGB 函数设置颜色、使用 QBColor 函数设置颜色、使用内置的 Visual Basic 系统颜色常量中选择或者直接输入一种十六进制数表示颜色。下面来介绍一下这 4 种方法。

（1）使用 RGB 函数设置颜色。

RGB 颜色成为加成色，R 是红色（Red）、G 是绿色（Green）、B 是蓝色（Blue）。通常又将这 3 种颜色叫做三原色，计算机显示器显示的各种颜色都是由三原色经过不同程度的叠加而形成的。RGB 函数的语法格式为：

RGB(red,green,blue)

其中，red,green,blue 三原色的取值是介于 0～255 之间的任意一个表示亮度的整数（0 表示亮度最低，255 表示亮度最高）。例如：

Form1.BackColor=RGB(0,255,0)　　　　'设定窗体 Form1 的背景色为绿色

Form2.BackColor=RGB(0,0,0)　　　　　'设定窗体 Form2 的背景色为黑色

（2）使用 QBColor 函数设置颜色。

QBColor 函数返回一个长整型数，用来表示所对应颜色值的 RGB 颜色码。用 QBColor 函数设置的颜色种类较少。其语法格式为：

QBColor（color）

其中，color 的取值是一个介于 0～15 的整型数，分别代表 16 种颜色，每个值代表的颜色见表 9-6。

表 9-6 color 参数

值	颜色	值	颜色
0	黑色	8	灰色
1	蓝色	9	亮蓝色
2	绿色	10	亮绿色
3	青色	11	亮青色
4	红色	12	亮红色
5	洋红色	13	亮洋红色
6	黄色	14	亮黄色
7	白色	15	亮白色

例如：

Form1.BackColor= QBColor (2)　　　'设定窗体 Form1 的背景色为绿色

（3）使用内置的 Visual Basic 系统颜色常量中选择。

Visual Basic 系统中预设了常用的颜色常数，在设计状态和运行时都可以直接使用这些常数定义颜色，而无需声明。系统预定义的最常用的颜色常数见表 9-7。

表 9-7 系统预定义颜色

颜色常数	十六进制数值	颜色
vbBlack	&H0	黑色
vbRed	&HFF	红色
vbGreen	&HFF00	绿色
vbYellow	&HFFFF	黄色
vbBlue	&HFF0000	蓝色
vbMagenta	&HFF00FF	洋红
vbCyan	&HFFFF00	青色
vbWhite	&HFFFFFF	白色

例如：

Form1.BackColor=vbGreen　　　'设定窗体 Form1 的背景色为绿色

使用内置的常数来设定颜色时，系统只是将它解释为与它所代表的颜色较为接近的一种颜色，如果要设定比较精确的颜色，就要使用十六进制数来设置颜色了。

（4）直接输入一种十六进制数表示颜色。

表 9-7 所示的，只是列出了常用颜色对应的十六进制数值。正常的 RGB 颜色的有效范围是 0~16777215（&HFFFFFF）。

2. 通过调色板和颜色通用对话框设置颜色

如果要设置某个对象的相关颜色，可以选中该对象后通过选择【视图】菜单下的【调色板】选项打开调色板。调色板上的 ■ 按钮代表当前控件的前景颜色和背景颜色；调色板上的 Aa 按钮代表当前控件中文本的前景颜色和背景颜色，如图 9-8 所示。

计算机公共课系列教材

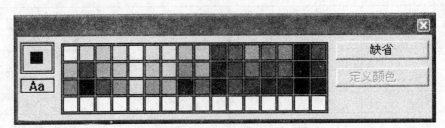

图 9-8　调色板

9.2　图形控件

Windows 是图形用户界面，所以在应用程序的界面上显示图形图像的方法十分重要。Visual Basic 提供了 4 个与图形操作有关的控件，分别是 Image（图像框控件）、Picture Box（图片框控件）、Shape（形状控件）和 Line（直线控件）。

这些图形控件的优点是可以使用较少的代码创建图形。例如，在窗体上放置一个圆，既可以用 Cricle 方法，也可以用形状控件。Circle 方法要求在运行时用代码创建圆，而用形状控件创建圆只需在设计时简单地把它拖到窗体上，并设置特定的属性即可。

9.2.1　图像控件

图像控件是 Visual Basic 中用来显示图像的一个得力工具，它可以显示位图（*.bmp）、图标（*.ico）、JEPG（*.jpg）、GIF（*.gif）或*.wmf 等格式的图形文件。

图像框的最大优势是使用系统资源比较少而且它的刷新速度快，但图像框控件的功能没有图片框多。例如，图像框控件不能像图片框那样作为存放其他控件的容器，也不支持图形方法绘图和打印。图像控件可以识别 Click 事件，因此用户可以利用它创建自己的按钮，以使界面设计更富个性。

图像控件有两个重要的属性，一个是 Stretch 属性。当 Stretch 属性值为 Flase 时，图像控件能自动调整尺寸以适应加载到控件中的图像的大小；当 Stretch 属性值设置为 True 时，加载到控件中的图像又可以自动调整尺寸以适应图像控件的大小。另一个是 Picture 属性。Picture 属性在设计阶段可以直接在属性窗口中用来装载图片；或者在运行阶段使用 LoadPicture（）函数将图片加载到图像控件中。其格式为：

[Object.]Picture=LoadPicture([Filename])

其中，Filename 为包含全路径名或有效路径名的图片文件。如果 Filename 为空，则可卸载图片。

注意，在设计阶段为 Picture 属性加载图片，当保存窗体时，图片同时被保存。如果将应用程序编译成可执行文件，图片将保存在可执行文件中，因此可以在任何计算机上运行该 EXE 文件。而如果是在运行阶段加载图片，当应用程序执行时，若能够访问到该图片文件才能显示图片。当应用程序编译成可执行文件时，图片将不会保存在可执行文件中。

9.2.2　图片框控件

图片框的功能比图像框要丰富得多。在 Visual Basic 中，与文本控件能够提供字处理的功能类似，图片框具有丰富的图形处理功能。例如，在图片框中装载图像，在磁盘上保存，用图形方法绘图、打印、逐个处理像素、设置图像比例等。此外，图片框还可以作为其他控件的容器。

图片框有两个重要的属性：一个是 AutoSize 属性。当 AutoSize 属性设置为 True 时，可以让图片框自动扩展到可以容纳图片的大小。这样，在运行中当往图片框加载或复制图片时，系统会自动调整该控件到恰好能够显示整个图片。由于窗体不会改变大小，如果加载的图像大于窗体的边距，图像从右边和底部被裁剪后才被显示出来。一个是 Align 属性。该属性用来决定图片框出现在窗体上的位置，即决定它的 Height、Width、Left 和 Top 属性的取值。具体取值及含义见表 9-8。

表 9-8　　　　　　　　　　　　　　**图片框 align 属性**

内部常数	取值	含　义
vbAlignNone	0	（非 MDI 窗体默认值）可以在设计时或在程序中确定大小和位置。如果对象在 MDI 窗体上，则忽略该设置
vbAlignTop	1	（MDI 窗体默认值）显示在窗体的顶部，其宽度自动等于窗体的 ScaleWidth 属性值
vbAlignBottom	2	显示在窗体的底部，其宽度自动等于窗体的 ScaleWidth 属性值
vbAlignLeft	3	显示在窗体的左边，其宽度自动等于窗体的 ScaleHeight 属性值
vbAlignRight	4	显示在窗体的右边，其宽度自动等于窗体的 ScaleHeight 属性值

9.2.3　直线控件

作为一种图形控件，直线控件（Line）能够在窗体上画出简单的水平线、垂直线或对角线等。并且线条的粗细、线型和颜色等可以通过修改直线控件的属性来实现。直线控件的几个重要属性包括：X1、Y1、X2、Y2 属性，BorderStyle 属性以 BorderWidth 属性。其中，(X1,Y1) 和 (X2,Y2) 分别用于设置直线的起点和终点，可以在运行中通过更改这些值来移动直线或改变直线的尺寸；BorderStyle 属性用来确定设置直线边框类型，也可以用来设置形状控件的边框类型，如表 9-9 所示；BorderWidth 属性用来确定直线的边框宽度，默认值为 1。

表 9-9　　　　　　　　　　　**BorderStyle 属性设置边框类型**

边框类型值	边框类型	说明
0	TransParent	透明，边框不可见
1	Solid	实心边框（默认值）
2	Dash	虚线边框
3	Dot	点线边框
4	Dash-Dot	点画线边框
5	Dash-Dot- Dot	双点画线边框
6	Inside Solid	内实线边框

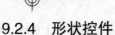

9.2.4 形状控件

形状控件（shape）用来在窗体或图片框中绘制图形。它能够绘制出矩形、正方形、椭圆、圆形、圆角矩形、圆角正方形以及实心图形等图形，并可以通过设置形状控件的属性，改变形状的色彩与填充图案等。

形状控件的主要属性有：设置边界的各种属性（BorderColor、BorderStyle、BorderWidth），这些属性和直线控件的属性相同；设置填充的各种属性（FillStyle、FillColor）以及设置形状的属性 Shape。其中，用于设置绘制几何形状的 Shape 属性的取值与对应形状关系如表 9-10 所示。

表 9-10　　　　　　　　　　　　　　**Shape 属性设置**

取值	形状	说明
0	Rectangle	矩形（默认值）
1	Square	正方形
2	Oval	椭圆形
3	Circle	圆形
4	Rounded Rectangle	圆角矩形
5	Rounded Square	圆角正方形

FillStyle 属性用于设置形状控件的填充图案，其取值如表 9-11 所示。

表 9-11　　　　　　　　　　　　　　**FillStyle 属性设置**

取值	填充类型	说明
0	Solid	实心填充
1	TransParent	透明填充（默认值）
2	Horizontal Line	水平线填充
3	Vertical Line	垂直线填充
4	Upward Diagonal	上对角线填充
5	Downward Diagonal	下对角线填充
6	Cross	交叉线填充
7	Diagonal Cross	对角交叉线填充

例 9-2　编写程序通过窗体上的命令按钮，为窗体上的图形填充颜色。

（1）在窗体上添加一个命令按钮和一个形状控件。将命令按钮的 Caption 属性改为"绘制"，并调整到如图 9-9 所示的位置。

（2）在代码窗口中输入以下代码：

```
Private Sub command1_click()
    If Command1.Caption = "绘制" Then
        Shape1.Shape = 3                        '将 Shape 控件形状设置为圆形
        Shape1.BorderColor = RGB(0, 255, 0)     '设置边框颜色为绿色
```

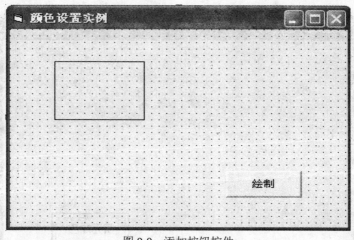

图9-9 添加按钮控件

```
    Command1.Caption = "填充绿色"          '更改按钮名称
Else
    Shape1.FillColor = vbGreen             '为形状控件填充绿色
    Shape1.FillStyle = 0                   '填充方式为实心填充
    Command1.Caption = "绘制"
    End If
End Sub
Private Sub form_load()
    Shape1.BorderColor = &H8000000F        '将控件边框颜色设置为窗体背景色，使得
                                            窗体加载时控件边框不可见
End Sub
```

（3）运行程序。点击"绘制图形"按钮，在窗体上绘制出绿色圆形。按钮变为"填充颜色"，点击"填充颜色"按钮，为圆形控件填充绿色。如图9-10、图9-11、图9-12所示。

图9-10 运行初始状态

图 9-11   点击 "绘制图形" 按钮效果

图 9-12   点击 "填充颜色" 按钮效果

9.3   常用绘图方法

除了在设计时可以使用以上几种图形控件创建图形效果外, 在 Visual Basic 中还可以在运行时通过系统提供的多种绘图、颜色方法, 在窗体或图片框等容器中绘制各种简单的图形。

另外, 图形方法提供了一些图形控件无法实现的效果。例如, 使用图形方法能创建圆弧或单个像素。用这些图形方法创建出的图形显示在窗体上, 位于所有其他控件之下。因此, 若要创建出现在应用程序中其他事物之下的图形时, 使用这些图形方法是非常方便的。

在 Visual Basic 中常用的绘图方法有 Pset 方法、Line 方法、Circle 方法、Point 方法。

9.3.1 Pset 方法

该方法用于设置在窗体、图片框或打印机中指定点处像素的色彩，我们可以使用该方法来绘制任意形状的图形，而使用背景色描绘点还可以清除某个位置上的点。其语法是：

[object.]Pset.[step](x,y)[,color]

语句中各个关键字的意义如表 9-12 所示。

<table>
<tr><td>表 9-12</td><td colspan="1" style="text-align:center">pset 方法关键字</td></tr>
</table>

关键字	说　明
Object	可选，如果 object 省略，则表示当前有焦点的窗体
Step	可选，指定相对于由 CurrentX 和 CurrentY 属性提供的为当前图形位置的坐标
(x,y)	必须，为单精度浮点数，指定设置点的水平（x 轴）和垂直（y 轴）坐标
color	可选，为长整型数，用于为指定点设置颜色。如果省略，则表示使用当前的前景色属性值

例 9-3　在窗体的单击事件中利用 Pset 方法绘制五彩纸屑。

（1）将 Form1 的 Caption 属性改为"五彩纸屑"，如图 9-13 所示。

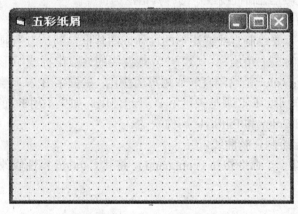

图 9-13　修改窗体标题

（2）在代码窗口中输入以下代码：

```
Private Sub form_click()
  Dim xpos, ypos                          '定义用于存放绘制点坐标的变量 xpos,ypos
  ScaleMode = 3                           '设置 ScaleMode 为像素
  DrawWidth = 3                           '设置用 PSet 画点时点的大小
  For i = 0 To 100
    xpos = Rnd * ScaleWidth               '得到水平位置
    ypos = Rnd * ScaleHeight              '得到垂直位置
    PSet (xpos, ypos), QBColor(Int(Rnd * 16))    '画五彩碎纸
  Next
```

End Sub

（3）运行程序。单击窗体，效果如图 9-14 所示。

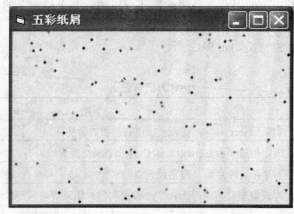

图 9-14　运行效果

9.3.2　Line 方法

该方法用于在对象上绘制直线或矩形。其语法为：

Object.Line[step](x1,y1)-[step](x2,y2)[,color][,B][F]

其中，Object 表示要绘制直线或矩形的窗体或图片框，默认为当前窗体；（x1,y1）是直线的起止坐标或矩形的左上角坐标；（x2,y2）是直线的终点坐标或矩形的右下角坐标；step 的含义与 Pset 中相同；color 是绘制直线或矩形的颜色；关键字 B 表示绘制矩形，F 表示用绘制矩形的颜色来填充矩形。F 必须与关键字 B 一起使用。如果不用 F 而只用关键字 B，则矩形的填充由当前的 FillColor 和 FillStyle 属性决定。

例 9-4　在窗体上绘制余弦曲线。

（1）在窗体上创建一个命令按钮（command），将其 Caption 属性修改为"绘制余弦曲线"，如图 9-15 所示。

图 9-15　修改窗体属性

（2）在代码窗口中输入以下代码：

```
Private Sub command1_click()
    Const pi = 3.14159
    Dim i
    Cls                                 '清空窗体
    Form1.ScaleMode = 3
    Form1.Scale (-20, 20)-(20, -20)     '设置坐标系
    Form1.DrawWidth = 1                 '设置绘制宽度
    Line (-20, 0)-(20, 0), vbRed        '绘制 X 轴
    Line (18.5, 0.5)-(20, 0), vbRed     '绘制 X 轴箭头
    Line - (18.5, -0.5), vbRed
    Print "X"
    Line (0, -20)-(0, 20), vbRed        '绘制 Y 轴
    Line (0.5, 18.5)-(0, 20), vbRed     '绘制 Y 轴箭头
    Line-(-0.5, 18.5), vbRed
    Print "Y"
    CurrentX = 1: CurrentY =-1: Print "0"   '显示原点
    CurrentX =-20: CurrentY = 0             '设置余弦曲线绘制起点
    For i =-20 To 20 Step 0.1
        Line-(i, Cos(i))
    Next i
End Sub
```

（3）运行程序。单击"绘制余弦曲线"按钮，效果如图 9-16 所示。

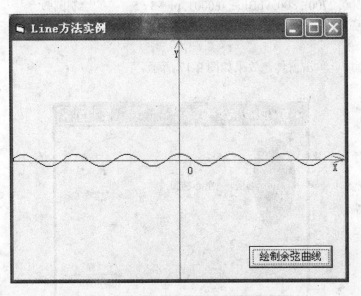

图 9-16　运行效果

9.3.3 Circle 方法

该对象用于在对象上绘制圆、椭圆、弧以及扇形等各种形状。其语法为：

object.Circle[Step](x,y),radius,[color,start,end,aspect]

其中，object 是指要绘制圆或者弧形等的窗体或图片框，若省略则表示当前窗体；(x,y) 表示圆、椭圆或弧的圆心坐标，radius 是其半径，这两个参数是必需参数；color 是圆的轮廓颜色，若省略则表示使用 ForeColor 属性值；start 和 end 是弧的起点和终点位置，范围是-2～ 2π，当两个参数的前面均有负号时，绘制的是扇形；aspect 用于指定圆的纵横尺寸比，默认值为 1，即为标准圆。

例 9-5 在窗体的 click 事件中通过 Circle 方法绘制圆、椭圆、弧和扇形。

（1）在代码窗口中输入以下代码：

```
Const pi = 3.14159
Private Sub form_click()
    FillStyle = 0                                   '绘制实心椭圆
    FillColor = vbBlue
    Circle (600, 1000), 800, vbBlue…2
    Print "实心椭圆"
    FillStyle = 1                                   '绘制空心椭圆
    Circle (1800, 1000), 800, vbBlue…2
    Print "空心椭圆"
    Circle (3500, 1000), 800, vbBlue                '绘制圆
    Print "圆"
    Circle (3500, 2700), 800, vbBlue, -0.0001, -pi * 2 / 5   '绘制扇形
    Print "扇形 "
    Circle (1500, 2700), 800, vbBlue, 0.0001, pi * 3 / 5     '绘制圆弧
    Print "圆弧"
End Sub
```

（2）运行程序。单击窗体，效果如图 9-17 所示。

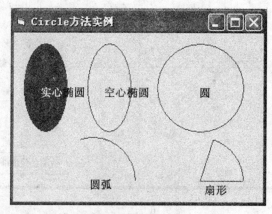

图 9-17 运行效果

9.3.4　Point 方法

该方法用来返回在窗体或图像框控件上指定点的 RGB 颜色。其语法为：

object.Point(x,y)

例 9-6　用 Point 方法获取图片框中的图像信息，然后用 Pset 方法复制到另一个图片框中，要求保持色彩，比例不变。

（1）在窗体上添加两个图片框（picture）控件，一个命令按钮（command）控件。将左边图片框的名称改为 pic1 并在 picture 属性中指定一个图片；右边的图片框名称改为 pic2；命令按钮的 caption 属性修改为"复制图片"，如图 9-18 所示。

图 9-18　在窗体上添加所需控件

（2）在代码窗口中输入以下代码：

```
Private Sub command1_click()
    For i = 1 To Pic1.ScaleWidth
        For j = 1 To Pic1.ScaleHeight
            col = Pic1.Point(i, j)
            x = Pic2.ScaleWidth / Pic1.ScaleWidth * i
            y = Pic2.ScaleHeight / Pic1.ScaleHeight * j
            Pic2.PSet (x, y), col
        Next j
    Next i
End Sub
```

（3）运行程序。单击"复制图片"按钮，将 pic1 图片框的图片复制到 pic2 图片框中，

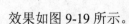

效果如图 9-19 所示。

图 9-19　运行效果

9.3.5　Cls 方法

该方法用于清除窗体上显示的图形和文字。其语法为：

object.Cls

其中，object 可以是窗体、图片框或打印机。在窗体中用 Print 和图形方法创建的所有文本和图形都可以用 Cls 方法来清除。同时，使用 Cls 方法后，对象的坐标回复到原点（0，0）。

9.4　设计动画

计算机动画是多媒体技术的一部分，它在各个领域中日益发挥着重要作用，适用领域也日益拓广，正迅速成为当今和未来软件库中不可缺少的一部分。动画是计算机图像的一种高级表现方式，是一种连续地显示图片的过程。在一系列图片的连续显示过程中，利用人类的视觉暂留特性，就可以实现动画效果了。

动画由两个基本部分组成。一是物体相对于屏幕的运动，即屏幕级动画；二是物体内部的运动，即相对符号的动画。VB 中实现图形动画的方法很多，这里只介绍一种比较简单的实现方法：控制的移动。

采用控制的移动技术可实现屏幕级动画，而控制移动方式又可分两种：一是在程序运行过程中，随时更改控制的位置坐标 Left、Top 属性，使控制出现动态；二是对控制调用 MOVE 方法，产生移动的效果。这里的控制可以是命令按钮、文本框、图形框、图像框、标签等。

Visual Basic 6.0 的动画可分为图像动画和图形动画，图像动画主要指将已有的 Shape 控件和 lmage 控件利用改变其 Left 和 Top 属性来达到位置改变；或者利用 Move 语句来达到位置的移动，形成动态的效果。

9.4.1 改变控件的 Left 和 Top 属性

要使对象移动，移动控件是 Visual Basic 中最容易实现的方法之一，可以通过直接改变定义控件位置的 Left 和 Top 属性来实现。

Left 属性是控件左上角到窗体左边的距离。Top 属性是控件左上角到窗体顶边的距离。通过改变 Left 和 Top 属性的设置值就可以移动控件。如：

Shape1.Left= Shape1.Left+100

Shape1.Top= Shape1.Top-50

而直线控件可以通过改变其 x1、x2、y1、y2 属性，对窗体上的直线控件位置进行控制。

9.4.2 Move 方法

通过改变形状控件的 Lcft 和 Top 或其他属性，虽然可以非常方便地使得控件移动，但这样会使控件先产生水平移动，然后再垂直移动的颠簸效果，而使用 Move 方法则能产生更平滑的对角线方向的移动。其语法为：

[object.]Move left [,top[,width[,height]]]

其中，object 指的是被移动的窗体或控件，若省略则表示当前窗体。left 和 top 参数用来设置对象将要移动到的新的位置，而 width 和 height 参数则用于设置移动后对象新的宽度和高度值。在这些参数中，left 是必需的。若要指定其他参数，就必须同时指定参数列表中出现在指定参数之前的所有参数。

程序设计中常常使用计时器控件和图形控件相配合来产生简单的动画。

例 9-7 使用形状控件和计时器控件来制作一个简单动画。

（1）在窗体上放置一个形状控件和一个计时器控件，如图 9-20 所示。

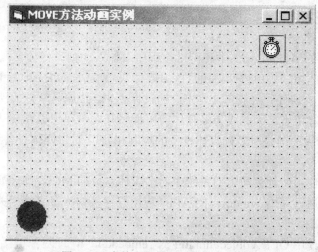

图 9-20 窗体上添加形状和计时器控件

其具体属性如表 9-13 所示。

表 9-13   形状及计时器控件属性设置

Shape1 属性及其值		Timer1 属性	
名称	Shape1	名称	Timer1
Fillcolor	&H00FF0000&（蓝色）	Enable	True
Fillstyle	0-solid	Interval	100
Borderstyle	0-transparent		
Shape	3-circle		

（2）在代码窗口中输入以下代码：

```
Dim x, y
Private Sub form_load()
    x = Shape1.Left
    y = Shape1.Top
End Sub


Private Sub Timer1_Timer()
    Shape1.Move Shape1.Left + 80, Shape1.Top - 50
    If Shape1.Left >= Form1.Width Or Shape1.Top <= 0 Then
        Shape1.Left = x
        Shape1.Top = y
    End If
End Sub
```

（3）运行程序。可以看到一个蓝色的小球在窗口中移动的动画效果。

9.5 音频和视频

　　除了图形外，在 Visual Basic 中还可以在程序中加入动画、音频、视频等多媒体资源。我们可以通过多媒体控制接口控件使用这些多媒体资源。Visual Basic 是 Microsoft 公司开发的 Windows 编程工具软件。由于它具有先进的设计思想、快速易掌握的使用方法及控制媒体对象手段灵活多样等特点，因此成为多媒体应用程序开发的理想工具。

　　设计多媒体程序,关键是对多种媒体设备的控制和使用,对多媒体设备进行控制主要有 3 种方法：

　　第一种方法是使用微软公司窗口系统中对多媒体支持的 MCI，即多媒体控制接口。

　　第二种方法是通过调用 Windows 的 API（应用程序接口）多媒体相关函数，实现多媒体控制。

　　第三种方法是使用 OLE（object linking ＆ embedding），即对象链接与嵌入技术，它为不同软件之间共享数据和资源提供了有力的手段。

　　下面我们只介绍在 Visual Basic 中对多媒体控制接口的使用。

9.5.1 多媒体控制接口控件的概念

MCI（媒体控制接口）是 Microsoft 公司为实现 Windows 系统下设备无关性而提供的媒体控制接口标准。用户可以方便地使用 MCI 控制标准的多媒体设备。

MCI 包含在 Windows 多媒体扩展的 MMSYSTEM 模块中，用来协调事件间以及 MCI 设备驱动程序间的通信，提供了与设备无关的接口属性。通常应用程序是通过指定一个 MCI 设备类型来区分 MCI 设备，设备类型指明了当前实际使用设备的物理类型，不同的设备类型使用不同的控件属性来进行描述（见表 9-14）。

表 9-14   设备控件属性

设备类型	设备描述
CDAudio	激光唱盘播放设备
DAT	数字化磁带音频播放机
DigitalVideo	动态数字视频图像设备
Animation	动画播放设备
Other	未给出标准定义的 MCI 设备
Overlay	模拟视频图像叠加设备
Sequence	MIDI 音序发生器
VCR	可以使用程序控制的磁盘录像机
VideoDisc	可以使用程序控制的激光视盘机
WaveAudio	播放数字化波形音频的设备

多媒体 MCI 控件 MCI.OCX 专用于对多媒体控制接口 MCI 设备的多媒体数据文件实施记录和回放。使用 CD 或收录机听音乐时，通过 CD 或者收录机上的各种按钮（如"播放"、"快进"、"暂停"、"停止"等）来控制音乐的播放。多媒体控制接口（MCI）控件就像是一组按钮，被用来向诸如声卡、MIDI 序列发生器、CD-ROM 驱动器、视频 CD 播放器和视频磁带记录器及播放器等设备发出 MCI 命令，从而控制多媒体文件的回放。应用程序对 MCI 的这组按钮操作非常灵活方便。如我们打开一个 MCI 设备后，就可以根据该设备类型的属性，随时从控件中选择合适的状态按钮来表示即刻设备的物理状态。

在讨论多媒体控制接口控件的使用方法之前，首先我们要把多媒体控制接口控件添加到工具栏中，步骤如下：

（1）选择"工程"菜单下的"部件"选项，弹出"部件"对话框，如图 9-21 所示。

（2）在"部件"对话框中的"控件"选项卡中选择"Microsoft Multimedia Control 6.0"复选框，然后单击"确定"按钮，如图 9-22 所示。

计算机公共课系列教材

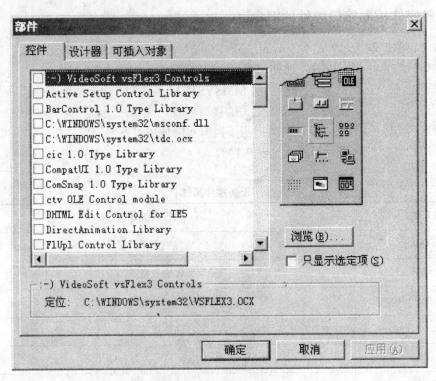

图 9-21　打开部件对话框

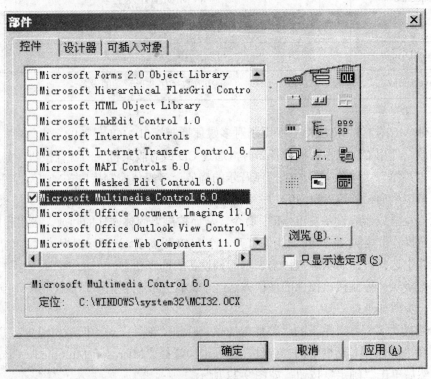

图 9-22　添加多媒体控制接口控件

（3）多媒体控制接口控件这样就添加到了工具栏中了，如图9-23所示。

图9-23 将多媒体控制接口添加到工具栏

（4）双击"多媒体控制接口控件"按钮（MMConrtol），在窗体中就创建了一个多媒体控制接口控件。如图9-24所示。

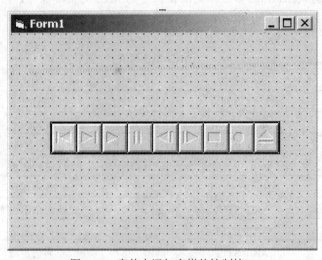

图9-24 窗体上添加多媒体控制接口

在窗口中我们看到，多媒体控制接口控件从外观到功能都和 CD 机或收录机非常相似。这些按钮从左到右依次是：上一个（prev）、下一个（next）、播放（play）、暂停（pause）、返回（back）、单步（step）、停止（stop）、记录（record）和弹出（eject）。

9.5.2 多媒体控制接口控件属性

利用 MCI 控件中提供的十分丰富的各种属性，可以编写出功能强大的多媒体应用程序。下面介绍几个 MCI 控件的常用属性。

1. 按钮启用属性（bottonenable）

该属性用于设置是否启用或禁用控件中的某个按钮。其语法是：

[form .]MMControl.BottonEnable[={True|False}]

该属性的值为 True 时，按钮处于启用状态；若是 False，这表示按钮被禁用。如果某个按钮处于禁用状态，将以灰色的形式显示。

2. 自动启动属性（autoenable）

该属性用于设置 MCI 控件是否能够自动启用或者关闭控件中的某个按钮。其语法是：

[form .]MMControl.AutoEnable[={True|False}]

其中，属性的值为 True 时，控件将自动启用功能可用的按钮，禁用功能不可用的按钮；

当值为 False 时，不能自动启用或者禁用某个按钮。

3. 能否弹出属性（caneject）

该属性用于设置打开的 MCI 设备能否将其媒体弹出。其语法为：

[form .]MMControl. CanEject

其中，属性的值为 True 时，可以将媒体弹出；当值为 False 时，不能将媒体弹出。

4. 命令属性（command）

这是 MCI 控件中非常重要的一个属性。该属性用于设置在运行过程中向多媒体设备发布的命令。一旦给其命令设置，它就立刻执行，所发生的错误存在于 Error 属性中。其语法为：

[form .]MMControl. Command [=cmdstring$]

其中，命令中的 cmdstring$ 参数就是准备执行的 MCI 的实际命令，如 Open、Close、Play 等，具体常用命令如表 9-15 所示。

表 9-15   **MCI 命令列表**

参数值	MCI 命令	描述
Open	MCI_OPEN	打开 MCI 设备
Close	MCI_CLOSE	关闭 MCI 设备
Play	MCI_PLAY	用 MCI 设备进行播放
Pause	MCI_PAUSE	暂停播放
Pause	MCI_RESUME	恢复播放
Stop	MCI_STOP	停止 MCI 播放
Back	MCI_STEP	向后步进
Step	MCI_STEP	向前步进
Prev	MCI_SEEK	使用 Seek 命令跳到当前曲目的起始位置。如果在前一个 Pre 命令执行后 3 秒内再次执行，则跳到前一个曲目的起始位置
Next	MCI_SEEK	使用 Seek 命令跳到前一个曲目的起始位置
Seek	MCI_SEEK	向前或向后查找
Record	MCI_RECORD	录制 MCI 设备的输入
Eject	MCI_SET	从 CD 驱动器中弹出 CD
Save	MCI_SAVE	保存打开的文件

5. 错误信息属性（errormessage）

该属性用于返回最近一次错误的错误信息。其语法为：

[form .]MMControl. ErrorMessage

在设计阶段该属性不可用，而运行阶段该属性是只读的。

6. 设备 ID 属性（deviceID）

该属性用于指定或者返回当前打开的 MCI 设备的设备 ID。其语法为：

[form .]MMControl. DeviceID[=id%]

在设计阶段该属性不可用，在运行阶段该属性是只读的。

7. 设备类型属性（devicetype）

该属性用于设置要打开的 MCI 设备类型。其语法为：

[form .]MMControl. DeviceType[=device$]

其中，device$ 参数用于指定要打开的设备类型。常见设备类型如表 9-16 所示。

表 9-16　　　　　　　　　　　　常见设备列表

参数值	设备类型	文件类型	描述
Caudio	CD audio		音频 CD 播放器
Dat	Digital Audio Tape		数字音频磁带播放器
Digital Video	Digital video		窗口中的数字音频
Other	Other		未定义 MCI 设备
Overlay	Overlay		覆盖设备
Scanner	Scanner		图像扫描仪
Sequencer	Sequencer	.mid	音响设备数字接口（MIDI）序列发生器
VCR	vcr		视频磁带录放器
AVI Video	AVI	.avi	视频文件
Videodisc	Videodisc		视频播放器
Waveaudio	Waveaudio	.wav	播放数字波形文件的音频设备

8. 文件名属性（filename）

该属性用于指定 Open 命令将要打开的或者 Save 命令将要保存的文件名称。其语法为：

[form .]MMControl. FileName[=stringexpression$]

例 9-8　下面以播放 windows 自带的 chimes.wav 文件为例，说明 Visual Basic 多媒体应用程序设计步骤。

（1）创建一个包含有多媒体控制接口控件（MCI.OCX）的窗体，并将 Form1 的 Caption 属性改为"播放 wav 音频实例"。如图 9-25 所示。

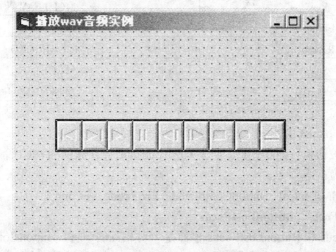

图 9-25　播放 wav 音频实例

（2）在代码窗口中输入以下代码：

```
Sub Form_Load()                    '在发出 OPEN 命令前要设置多媒体设备的属性
    Form1.MMControl1.Notify=False
    Form1.MMControl1.Wait=True
    Form1.MMControl1.Shareable=False
    Form1.MMControl1.DeviceType="waveaudio"
    Form1.MMControl1.FileName="c:\windows\ media\chimes.wav"
    Form1.MMControl1.Command="Open"
End Sub
```

（3）运行程序。控制键呈黑色，这时就可以使用 Play、Record 等键操作数据文件 chimes.wav 了。例如用鼠标点按 Play 键就能听到.WAV 音效。

9.5.3 多媒体控制接口控件的事件

1. BottonClick 事件

该事件在用户完成一次鼠标单击操作后被触发。其语法为：

Private Sub MMControl_ButtonClick（Cancel As Integer）

其中，Button 可以是多媒体控制接口控件中的任何一个按钮，包括：Back、Eject、Next、Pause、Play、Prev、Record、Step 或 Stop 等。单击这些按钮所对应的操作，如表 9-17 所示。

表 9-17   多媒体控制接口个按钮

按钮名称	命令
Back	MCI_STEP
Eject	MCI_SET
Next	MCI_SEEK
Pause	MCI_PAUSE
Play	MCI_PLAY
Prev	MCI_SEEK
Record	MCI_RECORD
Step	MCI_STEP
Stop	MCI_STOP

2. ButtonCompleted 事件

该事件表示按钮执行命令完成。当多媒体控制接口控件激活的 MCI 命令结束时，该事件被触发。其语法为：

Private Sub MMControl_ ButtonCompleted（Errorcode As Long）

3. ButtonGotFocus、ButtonLostFocus 事件

ButtonGotFocus 和 ButtonLostFocus 事件是一对相互的事件，ButtonGotFocus 在多媒体控制接口中的按键获得焦点时被触发，而 ButtonLostFocus 在多媒体控制接口控件中的按键失去焦点时被触发。其语法为：

Private Sub MMControl_ButtonGotFocus（）

Private Sub MMControl_ButtonLostFocus（）

4. Done 事件

当多媒体控制接口控件的 Notify 属性为 True 的 MCI 命令结束时该事件被触发。其语法为：

Private Sub MMControl_Done（Notifycode As Integer）

其中，Notifycode 参数表示 MCI 命令是否执行成功，其具体含义如表 9-18 所示。

表 9-18   **Notifycode 参数**

参数值	常量	含义
1	mcisuccessful	命令执行成功
2	mcisuperseded	命令被其他命令替代
4	mciaborted	命令被用户中断
8	mcifailure	命令失败

5. StatusUpdate 事件

该事件用于更新媒体控制对象的状态信息。按照多媒体控制接口控件的 UpdateInterval 属性设置的时间间隔自动触发该事件。其语法为：

Private Sub MMControl_StatusUpdate（）

例 9-9 编写一个自己的简易 CD 播放器。

（1）选择"工程"菜单下的"部件"选项，在弹出的"部件"对话框中，选择"Microsoft Multimedia Control 6.0"和"Microsoft Windows Common Controls 6.0"复选框，然后单击"确定"按钮。如图 9-26、图 9-27 所示。

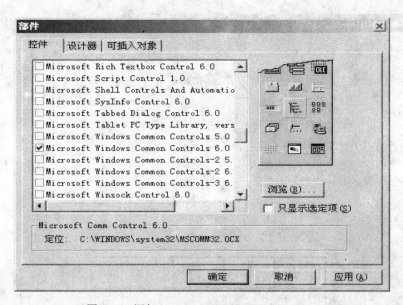

图 9-26 添加 Microsoft Multimedia Control 6.0

图 9-27　Microsoft Windows Common Controls 6.0

　　（2）在窗体中添加 1 个多媒体控制接口控件、1 个定时器控件（Timer）、1 个 Slider 控件，如图 9-28 所示。

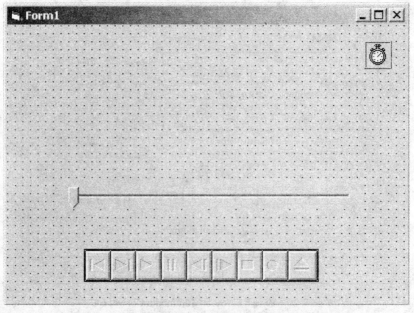

图 9-28　在窗体上添加上述控件

（3）在窗体上创建两个命令按钮（Command），按表 9-19 设置属性。

表 9-19　　　　　　　　　　　　　　按钮属性设置

名称	Caption	控件作用
Cmdopen	打开	打开光驱中的文件
Cmdclose	退出	退出程序

（4）在窗体中添加 1 个标签控件（label），将其 Caption 属性设置为"of"；添加 2 个文本框，将两个文本框的 Text 属性都设为空。如图 9-29 所示。

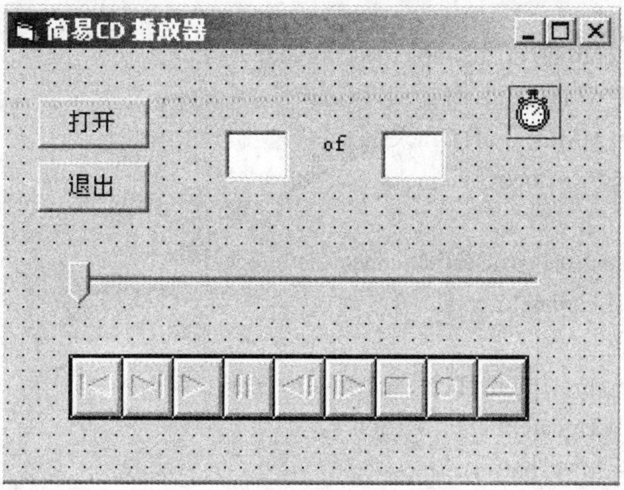

图 9-29　窗体上添加上述控件

（5）在代码窗口中输入如下代码：

```
Private Sub form_load()
    MMControl1.AutoEnable = True
    MMControl1.Notify = False
    MMControl1.Wait = True
    MMControl1.Shareable = False
    MMControl1.DeviceType = "cdaudio"
    MMControl1.RecordVisible = False
    Timer1.Interval = 100
    Text1.Text = "0"
End Sub
Private Sub cmdopen_click()
    MMControl1.Command = "open"
    MMControl1.TimeFormat = vbmciformattmsf
    cmdopen.Enabled = False
```

```vb
        Text1.Text = MMControl1.Track
        Text2.Text = MMControl1.Tracks
        Slider1.Max = MMControl1.TrackLength
    End Sub
    Private Sub mmcontrol1_ejectclick(cancel As Integer)
        cmdopen.Enabled = True
        MMControl1.UpdateInterval = 0
        MMControl1.Command = "eject"
        MMControl1.Command = "close"
        Text1.Text = "0"
    End Sub
    Private Sub mmcontrol1_nextcompleted(errorcode As Long)
        Slider1.Max = MMControl1.TrackLength
        Text1.Text = MMControl1.Track
        Text2.Text = MMControl1.Tracks
    End Sub
    Private Sub mmcontrol1_pauseclick(cancel As Integer)
        MMControl1.UpdateInterval = 0
    End Sub
    Private Sub mmcontrol1_playclick(cancel As Integer)
        MMControl1.UpdateInterval = 1000
        Text1.Text = MMControl1.Track
        Text2.Text = MMControl1.Tracks
    End Sub
    Private Sub cmdexit_click()
        MMControl1.Command = "close"
    End Sub
    Private Sub mmcontrol1_precompleted(errorcode As Long)
        Text1.Text = MMControl1.Track
        Text2.Text = MMControl1.Tracks
    End Sub
    Private Sub mmcontrol1_statusupdate()
        Text1.Text = MMControl1.Track
        Text2.Text = MMControl1.Tracks
    End Sub
    Private Sub mmcontrol1_stopclick(cancel As Integer)
        MMControl1.UpdateInterval = 0
        MMControl1.To = MMControl1.Start
        MMControl1.Command = "seek"
        MMControl1.Track = 1
```

```
        Text1.Text = MMControl1.Track
        Text2.Text = MMControl1.Tracks
    End Sub
    Private Sub Slider1_MouseDown(Button As Integer, Shift As Integer, x As Single, y As
Single)
        '如果在滑块上按下鼠标左键时就让 Timer1 不激活
        If Button = 1 Then Timer1.Enabled = False
    End Sub
    Private Sub Slider1_MouseUp(Button As Integer, Shift As Integer, x As Single, y As Single)
        If Button = 1 Then                          '设置播放的位置
            MMControl1.From = Slider1.Value          '播放
            MMControl1.Command = "play"              '激活 Timer1
            Timer1.Enabled = True
        End If
    End Sub
    Private Sub timer1_timer()
        If Slider1.Value = Slider1.Max Then
            MMControl1.Command = "stop"
        Else
            Slider1.Value = MMControl1.Position
        End If
    End Sub
    Private Sub form_unload(cancel As Integer)
        MMControl1.Command = "stop"
        MMControl1.Command = "close"
    End Sub
```

（6）将 CD 放入光驱，运行程序。现在就可以通过该软件播放 CD 中的音乐了。

我们除了可以使用多媒体控制接口控件播放音频、视频和动画外，还可以使用 Visual Basic 提供的 Windows Media Player 控件以及下载的其他控件来进行音频、视频和动画的播放。在这里就不再详述了。

通过以上实例，不难看出：利用 Visual Basic 提供的多媒体控制接口控件，广大计算机用户可以方便、快捷、高效率地开发出各种多媒体应用程序。

第10章　Visual Basic 数据库应用

数据库技术是 20 世纪 60 年代后期发展起来的一种数据管理技术，其应用范围已经从早期的科学计算渗透到办公自动化、管理信息系统、专家系统、情报检索、过程控制和计算机辅助设计等诸多领域。它不仅是计算机应用技术的重要组成部分，而且与我们的生活息息相关。

Visual Basic 提供了访问数据库的多种强有力的技术，使我们可以通过编写程序操作数据库。本章首先介绍数据库的基本知识，然后介绍如何利用 Visual Basic 编写数据库应用程序。

10.1　数据库基础

10.1.1　数据库的基本概念

1. 数据库

数据库（data base，DB）是指存储在计算机存储设备上，大量的结构化的相关数据的集合。

2. 数据库管理系统

数据库管理系统（data base management system, DBMS），是指帮助用户建立、使用、管理和维护数据库的一种计算机系统软件。用户通过 DBMS 存取数据库。数据库管理系统的主要功能包括以下几方面：

（1）数据库定义功能；

（2）数据存取功能；

（3）数据库运行管理功能；

（4）数据库的建立及日常维护功能；

（5）数据库通信功能。

目前比较流行的数据库管理系统有 Oracle，Sybase，Informix，MS SQL Server 等，它们都是大中型数据库管理系统，功能强大，性能稳定，应用十分广泛。在 Windows 环境下，Visual FoxPro, Microsoft Access 在小型及桌面应用中较为普遍。

3. 关系型数据库

目前，绝大多数数据库系统采用或者基于关系数据模型，该模型采用二维表格的形式，描述数据集合以及它们之间的联系。表 10-1 描述了一个关系模型的结构。

一个关系数据库由一个或若干个这样的数据表组成，表中的行被称为记录，列被称为字段，表 10-1 展示了一个有 5 条记录、8 个字段的数据表。如果表中的某个字段或者几个字段的组合可以唯一确定一条记录，则称它为主码或关键字，比如雇员编号就是雇员基本情况表的主码。为了在表与表之间建立起联系或者加快查找记录的速度，往往需要对表建立索引。

索引是根据某个字段或者某几个字段的组合建立的有序数据集,通过它能迅速定位目标记录。

表 10-1   **公司雇员基本情况表**

雇员编号	姓 名	性别	职务	出生日期	电话	照片	备注
1	谢 胜	男	销售代表	1975-5-22	(027)12345678		
2	刘 玫	女	销售经理	1972-1-6	(027)87654321		
3	胡广飞	男	销售代表	1974-12-16	(027)11112222		
4	王 涛	男	销售总监	1970-8-9	(027)00001111		
5	李 丹	女	销售代表	1980-10-2	(027)90909090		

表中字段有名称、类型、大小等基本要素,例如表 10-1 所列出的表头部分就是各个字段的名称。字段类型决定该字段能够保存什么样的数据,比如姓名字段是文本类型(text),表示它用来保存字符串,又比如出生日期是日期时间型(datetime),表示保存日期时间这类数据。字段大小代表每一行中该字段所能容纳的最大数据量,比如姓名字段,可以设计它的大小为 10。设计过小比如大小为 2,则使姓名无法完全输入,过大则浪费系统资源,应该根据实际情况确定。表 10-2 列出了雇员基本情况表的各个字段的名称、类型与大小。

表 10-2   **雇员基本情况表的结构**

字段名称	类型	大小	附加说明
雇员编号	长整型(Long)	4	固定 4 字节大小整数,存放编号
姓名	文本型(Text)	10	
性别	文本型(Text)	2	数据仅一个汉字,2 字节即可
职务	文本型(Text)	10	
出生日期	日期时间型(Date/Time)	8	固定 8 字节存放日期时间数据
电话	文本型(Text)	20	
照片	二进制型(Binary)	0	0 表示无限制,存放大量二进制数据
备注	备注型(Memo)	0	存放大量文本数据

10.1.2   建立和维护数据库

本章以 Access 数据库为例进行介绍。Microsoft Access 是微软公司开发的一套数据库管理系统,是 Microsoft Office 系列办公软件的成员之一,可以直接使用它建立 Access 数据库。本节主要介绍利用可视化数据管理器(visdata),在 Visual Basic 环境下建立 Access 数据库的方法。需要指出的是随 Visual Basic 6 发行的 VisData 只能建立早期的 Access97 格式的数据库,如果用 Office 的 Microsoft Access 2000 及后续版本建库,应该在完成后以 Access 2000 格式保存或者转换为 Access97 格式。

例 10-1 创建一个公司人事信息数据库，其中包含一张雇员基本情况表。

操作步骤如下：

（1）在 Visual Basic IDE 的主菜单中，依次选择"外接程序"→"可视化数据管理器"，启动 VisData 管理器窗口，如图 10-1 所示。

图 10-1　VisData 窗口

（2）在"可视化数据管理器"窗口的菜单中，依次选择"文件"→"新建"→Microsoft Access→Version 7.0，在弹出的对话框中输入数据库文件名"公司人事信息库"，如图 10-2 所示。单击保存按钮，这时出现"数据库窗口"，如图 10-3 所示。

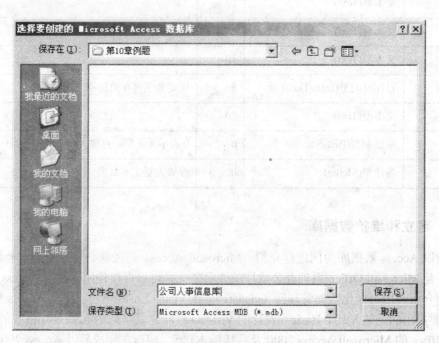

图 10-2　创建数据库对话框

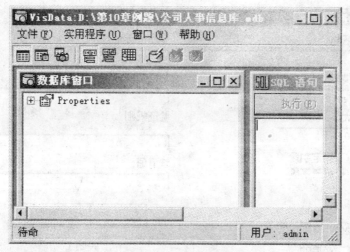

图 10-3　数据库窗口

（3）选中"数据库窗口"出现的 Properties（数据库属性），在它上面右键单击，选择"新建表"菜单项，弹出"表结构"窗口，如图 10-4 所示。

图 10-4　表结构窗口

（4）"表结构"窗口，输入表名称"雇员基本情况"，然后单击"添加字段"按钮，弹出"添加字段"对话框，如图 10-5 所示。按照表 10-2 所列出的结构，依次输入名称、类型、大小。单击"确定"把该字段加入数据表；继续输入其他字段直至完成，单击关闭。返回"表结构"窗口，可看到字段列表显示出全部字段，如图 10-6 所示。

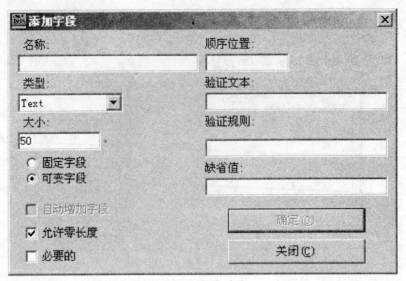

图 10-5　添加字段

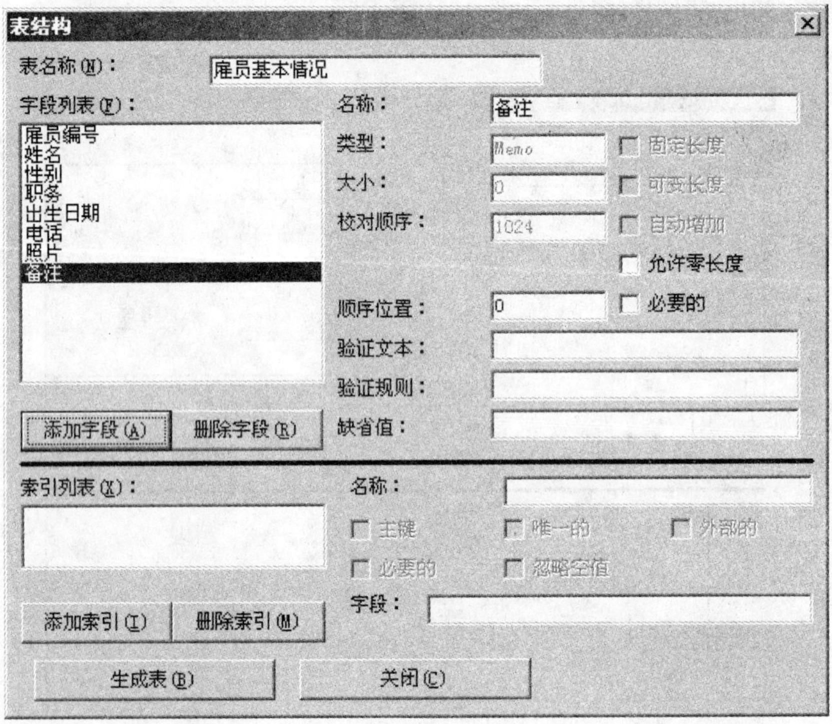

图 10-6　表结构对话框

（5）单击"添加索引"按钮，为雇员基本情况表建立索引，弹出"添加索引"对话框，如图 10-7 所示。在名称栏输入索引名"Gybh"，单击可用字段列表中的雇员编号，由于"雇员编号"为主码，因此确保选中"主要的"、"唯一的"检查框。单击确定，可根据情况继续建立其他索引，完成后单击关闭。

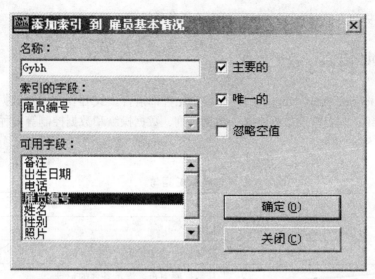

图 10-7 添加索引

（6）返回"表结构"窗口，单击"生成表"按钮，返回 VisData 窗口。

（7）至此，数据库已经建立完毕，可关闭 VisData 窗口。但一般情况下应该继续利用 VisData 向数据表中输入几条记录数据，以便于检验表设计是否合理。双击 VisData 窗口中的雇员基本情况，弹出记录编辑窗口，如图 10-8 所示。

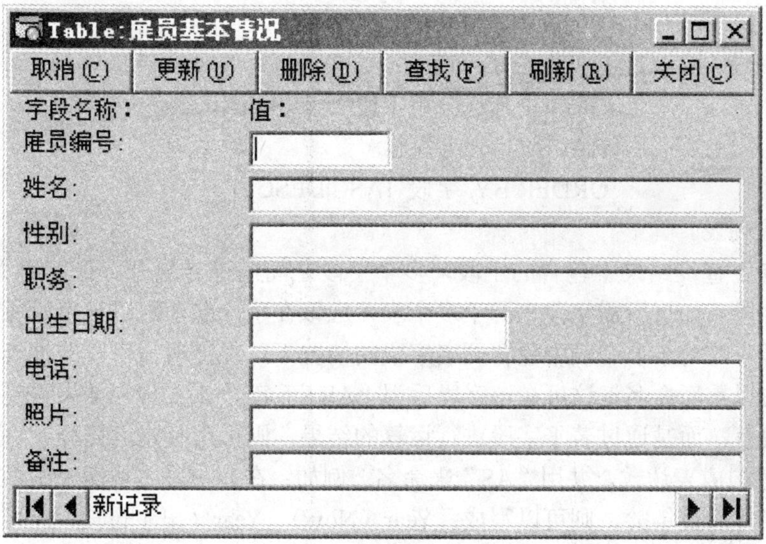

图 10-8 编辑窗口

根据表 10-1 所示的数据，依次填入（注：照片和备注暂时不管，它们的输入比较特殊，后面将会介绍）。每输完一条记录的数据，单击"更新"，然后单击"添加"继续输入下一条记录，完成后关闭，返回 VisData 窗口。最后关闭 VisData 窗口。

如果需要对所建数据库进行维护，可以再次启动 VisData 管理器。从"文件"菜单中选择"打开数据库"，选择 Microsoft Access 菜单项，找到"公司人事信息库.mdb"打开。然后

右键单击"雇员基本情况",从快捷菜单中选择各种操作,对数据库进行维护。

10.2　SQL 语言

SQL(structured query language),即结构化查询语言。SQL 作为关系数据库的标准操作语言,包含一组语句,涉及数据定义、数据查询、数据操纵和数据控制等多种功能。表 10-3 列出了常用的 SQL 语句。

表 10-3　　　　　　　　　　　　　　　常用 SQL 语句

命　　　令	说　　　明
CREATE	创建表
INSERT	向数据库添加记录
SELECT	从数据库中查询满足条件的记录
UPDATE	更新记录
DELETE	删除记录

数据库最经常的操作是从库中获取数据,这称为对数据库进行"查询",SELECT 语句实现这一任务,它是 SQL 语言的核心。

1. SELECT 语句

语法格式:　　SELECT 字段列表 FROM 表名

　　　　　　　[WHERE 查询条件

　　　　　　　GROUP BY 分组字段

　　　　　　　HAVING 分组条件

　　　　　　　ORDER BY 字段 [ASC|DESC]]

(1)字段列表。

这部分指定查询结果中包含的字段,多个字段之间用逗号隔开。可以用"*"表示需要表中的全部字段。如果所需字段来源于多个表,应该在字段名前冠以该字段所属的表名,以区分字段来源,这对于多个表中包含同名字段的情况下,保证所需字段的唯一性十分必要。所选字段还可以重新命名,这可在该字段后用"AS [新名]"来实现。如果需要查询的某字段在数据表中没有,而是通过若干字段进行运算的结果,则可用基本运算符("+"、"−"、"*"、"/")、函数等构成表达式,并用"AS"来命名。例如:在雇员基本情况表中通过已有的"出生日期"来计算雇员年龄,则可以写成:Year(Now)−Year(出生日期)AS 年龄。

(2)From 表名。

这部分指定一个或多个表,是前一部分字段列表的来源,多个表名之间用逗号隔开。

(3)WHERE 查询条件。

这部分用来设置查询条件,主要由"比较运算符"(>、>=、=、<=、<、< >)和"逻辑运算符"(Not、And、Or)构成的表达式,以及 SQL 特有的运算符("Between"、"Like"和"In"运算符等)构成的表达式。表 10-4 列出了 SQL 特有运算符的语法格式。

表 10-4   **Between、In、Like 运算符**

运算符	语法格式	说　明
Between	字段 [Not] Between 值 1 And 值 2	返回字段值在值 1 和值 2 之间的行,加 Not 表示相反
In	字段 [Not] In (值 1, 值 2,……)	返回字段值为括号内所列值之一的行,加 Not 表示相反
Like	字段 Like 模式字符串	返回字段值匹配模式字符串的行

　　模式字符串可使用通配符*或%表示多个字符,?或_表示一个字符,比如查询条件是所有李姓雇员,可写成:姓名 Like "李*"。

　　(4)GROUP BY 分组字段 HAVING 分组条件。

　　这部分用于对记录进行分组和分组后再过滤处理。当字段列表部分包含 SQL 的聚合函数构成的列时,GROUP BY 子句可以对包含相同值的记录进行统计合并。常用的聚合函数如表 10-5 所示。

表 10-5   **SQL 常用聚合函数**

聚合函数	说　明
Avg	返回选定字段的平均值
Count	返回选定记录的个数
Sum	返回选定字段的值的总和
Max	返回选定字段的最大值
Min	返回选定字段的最小值

　　(5)ORDER BY 字段 [ASC|DESC]。

　　这部分用于对记录排序,可指定一个或多个字段的值作为排序依据。多个字段之间逗号隔开,并且首先按第 1 字段排序,若第 1 字段有相同值则接着按第 2 字段排序,依此类推。ASC 指定顺序为升序,DESC 指定为降序,省略则默认升序排列。比如按照出生日期的升序排列,可以写成:ORDER BY 出生日期。

　　2. SQL-SELECT 语句的应用举例

　　下文的例子都可通过 VisData 管理器提供的 SQL 窗口进行实践,步骤是:启动 VisData 管理器,打开数据库(公司人事信息库.mdb)。在"SQL 语句"窗口,输入相应的 SELECT 语句,如图 10-9 所示,然后单击"执行"按钮。执行结果如图 10-10 所示。

图 10-9 SQL 语句窗口

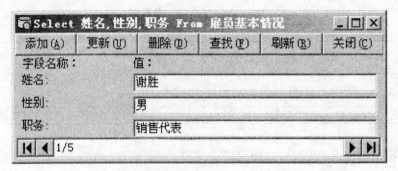

图 10-10 以单条记录形式显示执行结果

若要以二维表格形式显示结果，如图 10-11 所示，则在执行前，首先在 VisData 窗口的工具栏上选择使用表格控件，工具栏按钮为 ▦ 。

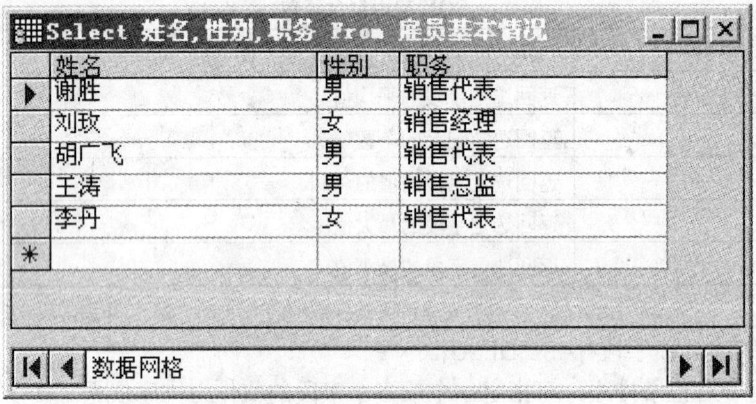

图 10-11 以表格形式显示执行结果

（1）查询"雇员基本情况"表中的姓名、性别、职务。

Select 姓名，性别，职务 From 雇员基本情况

（2）查询"雇员基本情况"表中雇员的姓名和年龄。

Select 姓名, Year(Now)-Year（出生日期）As 年龄 From 雇员基本情况

（3）查询"雇员基本情况"表中男性雇员的全部信息。

Select * From 雇员基本情况 Where 性别= '男'

（4）统计"雇员基本情况"表中男女雇员的人数。

Select 性别, Count（性别）As 人数 From 雇员基本情况 Group By 性别

（5）按出生日期的升序查询所有销售代表的记录。

Select * From 雇员基本情况 Where 职务= '销售代表' Order By 出生日期

（6）查询雇员编号由 2 到 4 的记录。

Select * From 雇员基本情况 Where 雇员编号>=2 And 雇员编号<=4

或者

Select * From 雇员基本情况 Where 雇员编号 Between 2 And 4

（7）查询 1980 年以前出生的雇员的记录。

　　Select＊From 雇员基本情况 Where 出生日期＜#1980-1-1#

　或者

　　Select＊From 雇员基本情况 Where Year（出生日期）＜1980

（8）查询雇员的平均年龄。

　　Select Avg(Year(Now)-Year（出生日期)) As 平均年龄 From 雇员基本情况

（9）查询雇员电话包含"12"两个连续号码的记录。

　　Select＊From 雇员基本情况 Where 电话 Like "%12%"

10.3　数据连接控件和数据绑定控件

　　本节介绍利用 VB 的可视控件访问 Access 数据库的方法，这些控件包括数据连接控件和数据绑定控件。数据连接控件用来从数据库中获取数据，或者把数据返回给数据库，负责数据库和 VB 工程之间的数据交换。数据连接控件本身不能独立显示数据，通常需要数据绑定控件来实现显示数据的目的。数据绑定控件是任何具有"DataSource"属性的控件，包括文本框、标签、列表框、组合框、复选框、图片框等。

　　1. 数据连接控件

　　数据控件（Data）是 Visual Basic 的标准控件，是访问 Access 数据库最为简便的数据连接控件。Data 控件基于 DAO 数据访问对象，默认使用 Microsoft Jet 数据库引擎来访问数据。

　　Data 控件的常用属性如下。

　　（1）Connect 属性：指定所连接数据库的类型，默认为 Access。

　　（2）DatabaseName 属性：指定具体使用的数据库。若要连接 Access 数据库，只要设置为该数据库的文件名即可。

　　（3）RecordSource 属性：确定控件具体可访问的数据，可以是数据库中的某一个表，或者某个查询，也可以是一条 SQL 的查询字符串。

　　（4）RecordSetType 属性：确定记录集类型。有 3 种类型可供选择，分别是表类型（Table）、动态集类型（DynaSet）、快照类型（SnapShot）。表类型用于访问数据库中的单个表，若 RecordSource 属性为 SQL 的查询字符串，则不能使用此种类型。动态集表示查询的结果，可以从多个表中获取和更新数据。快照则是静态的数据，主要用于查找数据或者生成报表。访问本地 Access 数据库一般可采用表类型或动态集。本章示例主要采用表类型的记录集。

　　（5）RecordSet 属性：返回由 Data 控件的属性所定义的 Recordset 对象。数据库中的表格不允许直接访问，当 Data 控件连接数据库时，会根据 Connect、DatabaseName、RecordSource、RecordSetType 等属性的设置得到一个记录集（Recordset）对象，VB 通过 Recordset 对象进行记录的操作和浏览。Recordset 对象具有许多方法和属性，利用它们可以对数据库中的记录进行各种处理，这些我们将在后面陆续介绍。

　　2. 数据绑定控件

　　当我们在窗体上放置了 Data 控件，并设置了正确的属性后，就能正常连接 Access 数据库，但是要把数据显示出来，就必须使用其他控件来完成。通过把数据绑定控件绑定到 Data 控件上是最为简便的一种方式。一般地，我们主要设置数据绑定控件的 DataSource 属性和 DataField 属性。

（1）DataSource 属性：设置控件的数据源，即 Data 控件的名称。

（2）DataField 属性：设置控件将被绑定到的字段名。

例 10-2　用数据控件和文本框显示例 10-1 所创建的公司人事信息数据库的内容。

操作步骤如下：

①新建工程，并设计如图 10-12 所示的窗体。

图 10-12　设计时窗体

②数据控件 Data1 的 Connect 属性设置为 Access；DatabaseName 属性设置为"公司人事信息库.mdb"（通过属性窗口中该属性后的"…"按钮选择）；RecordSource 属性设置为"雇员基本情况"。

③6 个文本框控件的 DataSource 属性都设置为 Data1；对于不同的文本框，从其 DataField 属性后的下拉列表选择对应的绑定字段。

④保存工程，并运行，结果如图 10-13 所示。运行时，Data 控件提供了 4 个导航按钮，使用它们可以遍历记录集中所有的记录。

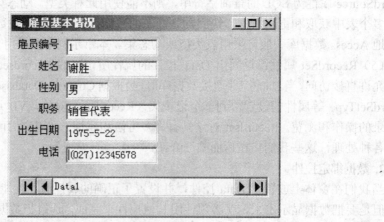

图 10-13　运行时窗体

例 10-2 展示了不编写任何代码访问数据库的方式，这种方式简单但不实用，它仅能浏览一个数据库中。实践中我们要对数据库的数据进行各种操作，包括添加、修改、删除、查找等，这些要利用到 Recordset 对象的方法和属性。

3. Recordset 对象的方法和属性

（1）记录导航和查找定位。

使用 Move 方法可以代替 Data 控件自身的导航按钮，实现定位记录的目的。共有 5 种 Move 方法，见表 10-6。

表 10-6 Move 方法

MoveFirst	移动到记录集的第一条记录，即首记录
MoveLast	移动到记录集的最后一条记录，即尾记录
MoveNext	移动到记录集当前记录的下一条记录
MovePrevious	移动到记录集当前记录的上一条记录
Move n	从当前记录向前或向后移动 n 条记录，n 为正数向后，为负数向前

除了 MoveFirst、MoveLast 外，执行其他 Move 方法可能使记录指针超出记录集范围而产生错误，比如已经是尾记录的情况下继续执行 MoveNext。要避免这种越界，可以通过 EOF 或 BOF 属性检测记录集首尾。

例 10-3 修改例 10-2，用 4 个命令按钮实现记录定位。

操作步骤如下：

①打开例 10-2 所建的工程，添加 4 个按钮，依次命名为 cmdFirst、cmdPrev、cmdNext、cmdLast，对应 Caption 依次为"首记录"、"上一记录"、"下一记录"、"尾记录"；缩小 Data1 的大小并放置到一边，并设置其 Visible 属性为 False。修改后的窗体如图 10-14 所示。

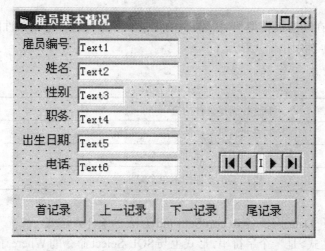

图 10-14 设计窗体

②编写按钮的 Click 事件代码如下：

```
Private Sub cmdFirst_Click()
    Data1.Recordset.MoveFirst
End Sub

Private Sub cmdLast_Click()
    Data1.Recordset.MoveLast
End Sub

Private Sub cmdNext_Click()
  Data1.Recordset.MoveNext
  If Data1.Recordset.EOF Then    '检测是否到达记录集末尾，EOF 为 True 则转至尾记录
    Data1.Recordset.MoveLast
  End If
End Sub

Private Sub cmdPrev_Click()
  Data1.Recordset.MovePrevious
  If Data1.Recordset.BOF Then    '检测是否到达记录集开头，BOF 为 True 则转至首记录
    Data1.Recordset.MoveFirst
  End If
End Sub
```
③保存并运行。

使用数据库经常需要根据一些条件从中查找我们想要的记录，这可以使用 Find 方法或 seek 方法。

Find 方法用于在动态集类型和快照类型的记录集中查找符合指定条件的记录。共有 4 种 Find 方法，见表 10-7 说明。

表 10-7 Find 方法

Find方法	说明
FindFirst	查找满足条件的第一个记录
FindLast	查找满足条件的最后一个记录
FindNext	查找满足条件的下一个记录
FindPrevious	查找满足条件的上一个记录

其语法格式为：Data 控件名.RecordSet.Find 方法 <条件表达式>
其中<条件表达式>是一个字符串，形式上与 SQL-Select 命令的 Where 子句后的写法相似。例如语句：Data1. RecordSet.FindFirst "姓名='刘玫'"，表示查找姓名为"刘玫"的员工的记录。

执行 Find 方法后，如果记录集有符合条件的记录，则定位到该记录，同时 Recordset 对象的 NoMatch 属性为 False；如果没有找到，则 NoMatch 属性为 True，原先的记录保持不变。

可利用该属性判断查找是否成功，并予以相应提示。

例 10-4　修改例 10-3，添加一个查找按钮，实现按照姓名在雇员基本情况表中查找对应的记录。

操作步骤如下：

①打开例 10-3 所建工程，在窗体上添加一个按钮，命名为 cmdFind，Caption 属性为 "查找"。

②编写 Click 事件代码如下：

```
Private Sub cmdFind_Click ()
    Dim strCriteria As String
    strCriteria = InputBox（"请输入雇员姓名：", "按姓名查找雇员"）
    If strCriteria = "" Then Exit Sub
    strCriteria = "姓名='" & strCriteria & "'"
    Data1.Recordset.FindFirst strCriteria
    If Data1.Recordset.NoMatch Then
        MsgBox "查无此人!", vbInformation, "提示"
    End If
End Sub
```

③保存工程并运行。

本例使用 Inputbox 对话框获取姓名，通过字符串连接运算构成 Find 方法的条件字符串，实现了简单的查找功能。也可以通过自行设计对话框，完成较复杂的查找操作。

（2）添加与修改记录。

AddNew 方法用来向数据库添加新记录。执行该方法，一般地将在记录集中产生一条空白新记录（如果某字段设置有默认值，则填充默认值），并使数据绑定控件置空。当我们在数据绑定控件中输入新的数据完毕，需要执行 Update 方法或者简单地移动记录指针时，就可以将记录保存至数据库。

绑定在 Data 控件上的数据绑定控件，在其 Enabled 属性为 True 的情况下，可直接对记录进行修改，这是最为简便的方式。一般情况下应该先执行 Edit 方法，然后修改。修改数据后，可执行 Update 方法或者简单地移动记录指针，就可以将修改过的记录保存至数据库。

注意到这两种操作都可以通过移动记录进行数据保存，即添加或修改记录后，用导航键移动到其他记录就保存了更新，但较为专业的做法是用专门的保存按钮执行 Update 方法。为了保证用户在保存之前可以撤销操作，还要提供专门的取消按钮，该按钮执行 CancelUpdate 方法即可。

（3）删除记录。

要删除某条记录，首先定位到该记录，然后执行 Delete 方法，记录集将删除此记录数据，但保持记录位置不变，因此需要重新定位到有效记录上，一般使用 MoveNext 方法定位到下一条记录。由于删除操作不可逆，因此代码中应该首先询问用户是否要删除。

例 10-5　在例 10-4 所建工程的基础上实施改进，使窗体能够完成访问数据库的各项操作。

说明：我们要在之前已经实现功能的基础上加入记录添加、修改、删除的功能，并且能对之前工程没有操作的字段（照片、备注）进行操作，因此将根据要求加入更多控件，并调

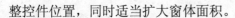

整控件位置，同时适当扩大窗体面积。

操作步骤如下：

①打开例 10-4 所建工程，在窗体上加入 5 个按钮，依次命名为 cmdAdd（添加）、cmdEdit（修改）、cmdDelete（删除）、cmdSave（保存）、cmdCancel（取消）；设置保存、取消 2 个按钮的 Visible 属性为 False。

②加入一个文本框 Text7，绑定到备注字段，设置其 Multiline 属性为 True，ScrollBar 属性为 2。

③加入一个图像框 Image1，绑定到照片字段，设置其 Stretch 属性为 True，BorderStyle 属性为 1。

④设置所有文本框的 Enabled 属性为 False；设置图像框的 Enabled 属性为 False。

⑤加入一个公用对话框控件 CommonDialog1，用于给照片字段加入图片文件；完成后的窗体如图 10-15 所示。

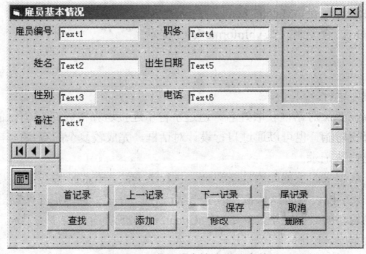

图 10-15　雇员基本情况设计窗体

⑥为新加入的控件编写代码：

```
Private Sub cmdAdd_Click()
    handleControls False
    Data1.Recordset.AddNew
End Sub

Private Sub cmdEdit_Click()
    handleControls False
    Data1.Recordset.Edit
End Sub

Private Sub cmdDelete_Click()
    Dim lAnswer As Long
```

```
    lAnswer = MsgBox（"确定要删除当前记录吗？",    _
    vbYesNo + vbCritical + vbDefaultButton2, "提示"）
    If lAnswer = 7 Then Exit Sub
    Data1.Recordset.Delete
    Data1.Recordset.MoveNext
End Sub

Private Sub cmdSave_Click（）
    Data1.Recordset.Update
    handleControls True
End Sub

Private Sub cmdCancel_Click（）
    Data1.Recordset.CancelUpdate    '撤销操作
    handleControls True
End Sub

Private Sub Image1_Click（）
    Dim picFile As String
    On Error GoTo ErrHandler
    CommonDialog1.Filter = "图片文件|*.bmp; *.jpg"
    CommonDialog1.ShowOpen
    picFile = CommonDialog1.FileName
    Image1.Picture = LoadPicture(picFile)
Exit Sub

'这段自定义过程用于控制文本框是否允许编辑，以及各个按钮是否显示；
Private Sub handleControls(ByVal lStatus As Boolean)
Dim oControl
For Each oControl In Form1.Controls
    If TypeOf oControl Is TextBox Then
        oControl.Enabled = Not oControl.Enabled
    ElseIf TypeOf oControl Is CommandButton Then
        oControl.Visible = lStatus
    End If
Next
Image1.Enabled = Not Image1.Enabled
cmdSave.Visible = Not cmdSave.Visible
cmdCancel.Visible = Not cmdCancel.Visible
End Sub
```

⑦保存工程，运行结果如图 10-16 所示。

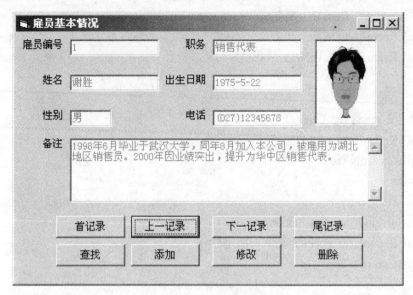

图 10-16　运行时的窗体

4. ADO Data 控件(Adodc)

ADO Data 控件是用来替代 Data 控件的一种更为先进的数据连接控件，它是一种 ActiveX 控件，使用前必须把 Microsoft ADO Data Control 6.0 加入工具箱。ADO Data 控件与 Data 控件使用上很相似，但 ADO Data 控件基于 ADO 活动数据对象，因此它和 Data 控件在内部的数据访问机制不同。注意到 ADO Data 控件用 ConnectionString 属性设置与数据库的连接，一般我们通过该控件的属性页进行设置。

下面通过使用 ADO Data 控件连接公司人事信息数据库来说明其属性的设置过程。

（1）在窗体上添加 ADO Data 控件，控件的默认名为 Adodc1。该控件的外观和 Data 控件几乎一样。

（2）右击 ADO Data 控件，在弹出的快捷菜单选中"ADODC 属性"命令，打开如图 10-17 所示的对话框。在"通用"选项卡中，允许通过 3 种不同的方式连接数据源。

①使用连接字符串：只需要单击"生成"按钮，通过选项设置自动产生连接字符串。

②使用 Data Link 文件：通过一个连接文件来完成。

③使用 ODBC 数据资源名称：可以通过下拉式列表框，选择某个创建好的数据源名称 (DSN)，作为数据来源以远程数据库进行控制。

（3）采用"使用连接字符串"方式连接数据源。单击"生成"按钮，打开如图 10-18 所示的"数据链接属性"对话框。在"提供程序"选项卡内选择一个合适的 OLE DB 数据源，由于连接的是 Access 数据库，选择 Microsoft Jet 3.51 OLE DB Provider 选项。然后单击"下一步"按钮或打开"连接"选项卡，如图 10-19 所示。在对话框内指定数据库文件，这里为公司人事信息库.mdb。单击"连接"选项卡右下方的"测试连接"按钮，如果测试成功，则单击"确定"按钮，返回如图 10-17 所示的属性页，完成 ConnectionString 属性的设置。

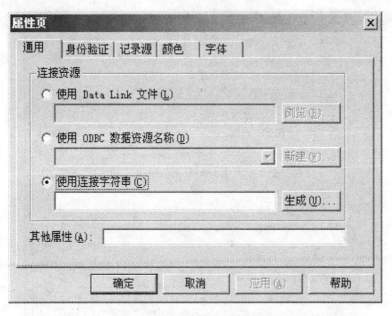

图 10-17　ADO 数据控件属性页

图 10-18　数据链接属性对话框

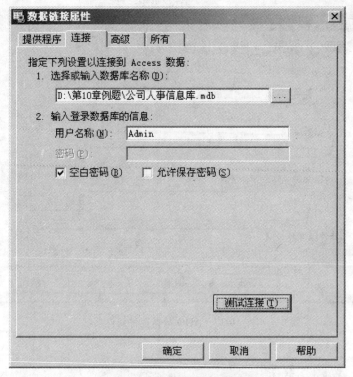

图 10-19　数据链接属性对话框

（4）选择"属性页"对话框中的"记录源"选项卡，如图 10-20 所示。

在"命令类型"下拉列表框中选择 2－adCmdTable 选项，在"表或存储过程名称"下拉列表框中选择雇员基本情况表，单击"确定"按钮关闭此属性页，至此，已完成了 ADO 数据控件的连接工作。

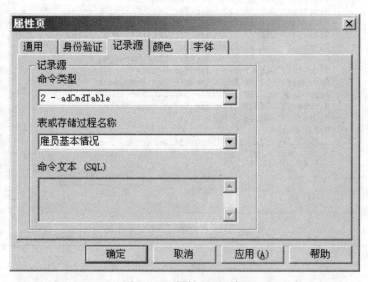

图 10-20　属性页对话框

设置好 ADO 数据控件后，可使用数据绑定控件绑定到该控件上，操作方法和使用 Data 控件时一致。同样可以仿照前面的例子，使用的 RecordSet 属性，用代码对记录集中的记录进行全面的操作。需要注意的是 ADO 的 RecordSet 对象和前面所介绍的 DAO 的 RecordSet 对象在某些方法和属性方面存在不同，这是由于二者采用了不同的数据访问技术。

5. 网格控件

实践中经常需要以二维表格的形式显示和操作记录，这需要用到网格控件。Microsoft 提供了多种类型的网格控件，例如 DBGrid、DataGrid、FlexGrid。作为数据绑定控件，只需要设置其 DataSource 属性即可。其中 DataGrid 是 DBGrid 的替代控件，需要注意的是 DataGrid 只能绑定到 ADO 数据控件上，DBGrid 只能绑定到 Data 控件上，而 FlexGrid 则两者均可绑定。这 3 种网格控件，除了 FlexGrid 是只读的数据显示控件外，其余两种都允许用户直接编辑、添加和删除数据，使用起来十分便利。可视化数据管理器 VisData 用来以网格形式显示数据的就是 DataGrid 控件。

例 10-6 用 ADO 数据控件和 DataGrid 控件访问雇员基本情况，并实现添加、修改、删除记录的功能。

操作步骤如下：

（1）新建工程，在工具箱右击，把 Microsoft ADO Data Control 6.0 和 Microsoft Data Grid Control 6.0 加入工具箱。

（2）在窗体上放置 ADO 数据控件和 DataGrid 控件，如图 10-21 所示。

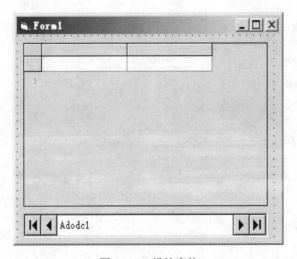

图 10-21 设计窗体

（3）右击 Adodc1 控件，按上文介绍设置好与公司人事信息数据库的连接。

（4）设置 DataGrid1 的 DataSource 属性为 Adodc1，设置 AllowAddNew、AllowDelete 及 AllowUpdate 属性均为 True。

（5）保存工程并运行，结果如图 10-22 所示。若要添加记录，在最下一行直接输入新数据，完成后用导航键或直接单击网格中其他记录即可保存；若要删除记录，单击网格最左侧"行选择"单元格选中整行，按键盘 delete 键即可删除；网格中的数据单元格可直接修改。

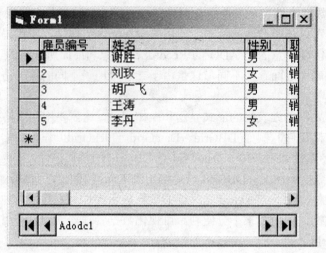

图 10-22 运行时窗体

附录A ASCII 码表

ASCII 值	控制字符	ASCII 值	控制字符	ASCII 值	控制字符	ASCII 值	控制字符
0	NUT	32	(space)	64	@	96	、
1	SOH	33	!	65	A	97	a
2	STX	34	”	66	B	98	b
3	ETX	35	#	67	C	99	c
4	EOT	36	$	68	D	100	d
5	ENQ	37	%	69	E	101	e
6	ACK	38	&	70	F	102	f
7	BEL	39	,	71	G	103	g
8	BS	40	(	72	H	104	h
9	HT	41	)	73	I	105	i
10	LF	42	*	74	J	106	j
11	VT	43	+	75	K	107	k
12	FF	44	,	76	L	108	l
13	CR	45	–	77	M	109	m
14	SO	46	.	78	N	110	n
15	SI	47	/	79	O	111	o
16	DLE	48	0	80	P	112	p
17	DCl	49	1	81	Q	113	q
18	DC2	50	2	82	R	114	r
19	DC3	51	3	83	S	115	s
20	DC4	52	4	84	T	116	t
21	NAK	53	5	85	U	117	u
22	SYN	54	6	86	V	118	v
23	TB	55	7	87	W	119	w
24	CAN	56	8	88	X	120	x
25	EM	57	9	89	Y	121	y
26	SUB	58	:	90	Z	122	z
27	ESC	59	;	91	[	123	{
28	FS	60	<	92	/	124		
29	GS	61	=	93	]	125	}
30	RS	62	>	94	^	126	~
31	US	63	?	95	_	127	DEL

计算机公共课系列教材

附录B 常用对象的约定前缀

对象类	前缀
窗体(Form)	frm
命令按钮(CommandButton)	cmd
标签(Label)	lbl
文本框(TextBox)	txt
单选按钮(OptionButton)	opt
复选框(CheckBox)	chk
框架(Frame)	fra
列表框(ListBox)	lst
组合框(ComBox)	cmb
图像框(Image)	img
图片框(PictureBox)	pic
水平滚动条(HScrollBar)	hsb
垂直滚动条(VScrollBar)	vsb
计时器(Timer)	tmr
形状(Shape)	shp
直线(Line)	lin
驱动器列表框(DriveListBox)	drv
目录列表框(DirListBox)	dir
文件列表框(FileListBox)	fil

附录C VB6.0 常用属性

属 性	说 明
Action	设置要被显示的通用对话框的类型
ActiveControl	返回当前控件
ActiveForm	返回当前窗体
Align	返回或设置对象在窗体中的位置或决定能否自动调整尺寸以适应窗体宽度的变化
Alignment	设置单选、多选框的对齐方式或文本的对齐方式
Auto3D	设置窗体上的控件是否在程序运行期间以三维立体效果显示
AutoRedraw	设置控制对象是否刷新或重画
AutoSize	设置控制对象是否自动调整大小以适应所包含的内容
BackColor	返回或设置对象的背景颜色
BorderColor	返回或设置对象的边框颜色
BorderStyle	返回或设置对象的边框风格
BorderWidth	返回或设置对象的边框宽度
Cancel	返回或设置某个命令按钮是否为"取消"按钮
Caption	设置对象的标题
Checked	返回或设置菜单项后是否有一个用户标记
ClipControls	返回或设置 Paint 事件中的图形方法是重绘整个对象,还是只绘刚刚露出的区域
Color	返回或设置对象的颜色
Columns	决定列表框控件中水平显示的列数及各列中项目的显示方式
ControlBox	返回或设置窗体是否有控制钮
Copies	返回或设置打印副本的数量
Count	返回指定集合中对象的数目
CurrentX	返回或设置下一次显示或绘图方法的 X 坐标
CurrentY	返回或设置下一次显示或绘图方法的 Y 坐标
DataBase	返回一个对 Data 控件中数据库对象的引用值
DataBaseName	返回或设置 Data 控件的数据源的名称及位置
DataChanged	返回或设置绑定控件中的数据是否已改变
DataField	返回或设置连接数据表当前记录中某字段上的值
DataSource	设置当前控件与数据库绑定的 Data 控件
Default	返回或设置窗体中某个命令按钮是否为默认命令按钮

属　性	说　明
DefaultCancel	返回或设置控件是否能作为一个标准命令按钮
DialogTitle	返回或设置在对话框标题栏中显示的字符串
DragMode	返回或设置在拖放操作中所用的是手动还是自动拖动方式
DrawMode	返回或设置绘图时图形线条的产生方式及线形控件和开关控件的外观
DragIco	返回或设置拖放操作时的鼠标指针的图标类型
DrawStyle	返回或设置画线的线型
DrawWidth	设置画线的宽度
Drive	返回或设置所选择的驱动器
Enabled	返回或设置对象是否可用
FileCount	返回与指定组件相关的文件的数目
FileName	返回或设置选定文件的路径和名称
FileNumber	指定文件号
FileTitle	返回某个被打开或被存储的文件的名称(不包括路径)
FillColor	返回或设置填充的颜色
FillStyle	返回或设置某个几何控件的图案填充样式
Flags	返回或设置指定对话框的选项
FontBold	返回或设置指定对象的字体是否加粗
FonItalic	返回或设置字体为斜体式样
FontName	返回或设置字体名称
Font	返回一个字体对象
FontSize	返回或设置字体大小
FontStrikethru	返回或设置字体是否加中画线
FontTransparent	返回或设置字体与背景是否叠加
FontUnderline	返回或设置指定对象中的字体是否加下画线
ForeColor	返回或设置指定对象的前景色
FromPage	返回或设置打印对话框中的开始页
Height	返回或设置对象的高度
HelpCommand	返回或设置联机帮助类型
HelpContext	返回或设置指定控件中某个帮助题目的上下文识别代码
HelpContextID	返回或设置对象与帮助文件上下文连接的识别代码
HelpFile	在应用程序中调用 Help 文件
Hidden	返回或设置文件列表框中是否显示 Hidden 文件(隐含文件)
HideSelection	设置当控制转移到其他控件时，文本框中选中的文本是否仍高亮度显示
Icon	设置窗体显示的图标
Index	返回或设置控件数组中的控件的下标

续表

属　　性	说　　明
InitDir	返回或设置初始化目录
Interval	设置计时器操作的时间间隔
ItemData	返回或设置组合框或列表框控件中每个项目具体的编号
KeyPreview	返回或设置窗体、控件预先接到键盘事件
LargeChange	滚动滑块在滚动条内变化的最大值
Lbound	返回控件数组中控件的最低序数
Left	返回或设置对象与其容器对象的左边界之间的距离
List	返回或设置列表框和组合框中的当前项目
ListCount	返回列表框和组合框中项目的个数
ListIndex	返回或设置某个控件中当前选择项的序号
Max	返回或设置流动条的最大值
MaxButton	返回或设置窗体是否具有"最大化"按钮
MaxFilesize	返回或设置通用对话框打开的文件的大小
MDIChild	返回或设置窗体是否是 MDI 窗体
Min	返回或设置滚动条的最小值
MinButton	返回或设置窗体是否具有"最小化"按钮
MouseIcon	返回或设置自定义的鼠标图标
MousePointer	设置鼠标指针的形状
MultiLine	返回或设置文本框控件是否能够接受和显示多行文本
MultiSelect	设置文件列表框或列表框为多项选择
Name	返回指定对象名称
NegotisteMenus	设置窗体及其上的控件是否共享一个菜单栏
Normal	返回或设置文件列表框是否含有普通文件
Page	指定打印机当前的页号
Parent	返回控件所在窗体
PasswordChar	返回或设置文本框是否用于输入掩码
Path	返回或设置当前路径
Pattern	返回或设置文件列表框中将要显示的文件类型
Picture	返回或设置指定控件中显示的图形文件
ReadOnly	设置文本框、文件列表框和数据控件是否能被编辑
ScaleLeft	返回或设置对象左边的水平起点坐标
ScaleMode	返回或设置对象坐标的度量单位
ScaleWidth	返回或设置对象内部自定义坐标系的水平度量单位
ScaleTop	返回或设置对象上边界的垂直起点坐标
ScrollBars	返回或设置对象是否具有水平或垂直滚动条

属　性	说　　明
Selected	返回或设置文件列表框内项目的选择状态
SelLength	返回或设置所选文本的长度
SelStart	返回或设置所选文本的起点
SelText	返回或设置所选文本字符串
Shape	返回或设置形状控件的外观
ShortCut	设置 Menu 对象的快捷键
Size	返回或设置指定 Font 对象的字体尺寸
SmallChange	设置滚动条最小变化值
Sorted	返回或设置列表框中各列表项在程序运行时是否自动排序
Stretch	返回或设置某图形是否能改变尺寸以适应图像框的大小
Style	返回或设置组合框的类型和显示方式
System	设置文件列表框是否显示系统文件
TabIndex	返回或设置控件的选取顺序
TabStop	设置用 Tab 键移动光标时是否对某个控件轮空
Tag	设置控件的别名
Text	设置文本框中显示的内容，或组合框中输入区接收用户输入的内容
Tile	返回或设置应用程序的标题
ToolTipText	返回或设置某个工具提示的文本字符串
Top	设置控件与其容器对象的顶部边界的距离
ToPage	返回或设置打印对话框中的结束页
TopIndex	设置和返回显示在列表框或文件列表框顶部的项目
TwipsperPixeIX	返回某对象中每个像素的水平 Twip 值
TwipsPerPixeIY	返回某对象中每个像素的垂直 Twip 值
UBound	返回控件数组中控件的最高序数
Underline	返回或设置 Font 对象中某种字体的下画线式样
Value	返回或设置滚动条当前所在位置，或单选按钮和多选框控件的状态等
Visible	返回或设置对象是否可见
Weight	返回或设置 Font 对象的字体重量(磅)
Width	返回或设置对象的宽度
WindowsState	设置运行时窗体的显示状态
WordWarp	设置标签框中显示的内容是否自动换行
Xl,Y1,X2,Y2	设置或返回 Line 控件所绘制的直线的起点和终点的坐标
Zoom	返回或设置一个数值，用于代表被显示或打印的数据放大或缩小的百分比

附录 D ⊕ VB6.0 常用方法

方　法	功　能　及　说　明
AddItem	功能：用于将项目添加到 ListBox 或 ComboBox 控件，或者将行添加到 MSFlexGrid 控件。不支持命名参数。 语法：Object.AddItemItem,Index 说明：Object 是必需的。它是一个对象表达式。 　　　Item 是必需的。是字符串表达式，用来指定添加到该对象的项目。 　　　Index 是可选的。是整数，它用来指定新项目或行在该对象中的位置。
Arrange	功能：用以重排 MDIForm 对象中的窗口或图标。不支持命名参数。 语法：Object.ArrangeArrangement 说明：Object 是必需的。是一个对象表达式，其值为一个对象。 　　　Arrangement 是必需的。是一个数值或常数，如“设置值”中所描述的，它指定如何重排 MDIForm 中的窗口或图标。
Circle	功能：在对象上画圆、椭圆或弧。 语法：Object.Circle[Step](x，y),Radius,[Color,Start,End,Aspect] 说明：Object 是可选的。为对象表达式。如果省略，则为具有焦点的窗体。 　　　Step 是可选的。关键字，用于指定圆、椭圆或弧的中心相对于 CurrentX 和 CurrentY 属性提供的当前图形位置。 　　　(x，y)是必需的。是 Single(单精度浮点数)，为圆、椭圆或弧的中心坐标。Object 的 ScaleMode 属性决定了使用的度量单位。 　　　Radius 是必需的。是 Single(单精度浮点数)，为圆、椭圆或弧的半径。Object 的 ScaleMode 属性决定了使用的度量单位。 　　　Color 是可选的。是 Long(长整型数)，为圆的轮廓的 RGB 颜色。如果它被省略，则使用 ForeColor 的属性值。可用 RGB 函数或 QBColor 函数指定颜色。 　　　Start,End 是可选的。为 Single(单精度浮点数)，当弧或部分圆或椭圆画完以后，Start 和 End 指定(以弧度为单位)弧的起点和终点位置。其范围从 -2π 到 2π。起点的默认值是 0，终点的默认值是 2π。 　　　Aspect 是可选的。为 Single(单精度浮点数)，是圆的纵横尺寸比。默认值为 1.0，它在任何屏幕上都产生一个标准圆(非椭圆)。
Cls	功能：清除运行时 Form 或 PictureBox 所生成的图形和文本。 语法：Object.Cls 说明：Object 代表一个对象表达式。如果省略，则为具有焦点的窗体

方　法	功　能　及　说　明
Clear	功能：用于清除 ListBox，ComboBox 或系统剪贴板的内容。 语法：Object.Clear 说明：Object 代表一个对象表达式。
EndDoc	功能：用于终止发送给 Printer 对象的打印操作，将文档释放到打印设备或后台打印程序。 语法：Object.EndDoc 说明：Object 代表一个对象表达式。
GetData	功能：用于从 Clipboard 对象返回一个图形。不支持命名参数。 语法：Object.GetData(Format) 说明：Object 是必需的。为一个对象表达式。 　　　Format 是可选的。为一个常数或数值，如"设置值"中所描述的，它指定 Clipboard 图形的格式。必须用括号将该常数或数值括起来。如果 Format 为 0 或省略，GetData 自动使用适当的格式。Format 的设置值有： 　　　· vbCFBitmap 或 2：位图(. bmp 文件) 　　　· vbCFMetafile 或 3：元文件(. wmf 文件) 　　　· vbCFDIB 或 8：设备无关位图(DIB) 　　　· vbCFPaleUe 或 9：调色板
Hide	功能：用以隐藏 MDIForm 或 Form 对象，但不能使其卸载。 语法：Object.Hide 说明：Object 一个对象表达式。如果省略，则为具有焦点的窗体。隐藏窗体时，它就从屏幕上被删除，并将其 Visible 属性设置为 False。用户将无法访问隐藏窗体上的控件。
Line	功能：在对象上画直线和矩形。 语法：Object.Line[Step](x1,y1)[Step](x2,y2),[Color],[B][F] 说明：Object 是可选的。是对象表达式。如果省略，则为具有焦点的窗体。 　　　Step 是可选的。为关键字，用于指定起点坐标相对于 CurrentX 和 CurrentY 的偏移量。 　　　(x1,y1)是可选的。为 Single(单精度浮点数)，是直线或矩形的起点坐标。ScaleMode 属性决定了使用的度量单位。如果省略，直线起始于由 CurrentX 和 CurrentY 指示的位置。 　　　Step 是可选的。关键字，用来指定要画出的点，是相对最后画出点的位置。 　　　(x2, y2)是必需的。为 Single(单精度浮点数)，是直线或矩形的终点坐标。 　　　Color 是可选的。为 Long(长整型数)，用于画线时用的 RGB 颜色。如果它被省略，则使用 ForeColor 的属性值。可用 RGB 函数或 QBColor 函数指定颜色。 　　　B 为可选的。如果使用，则利用对角坐标画出矩形。 　　　F 为可选的。如果使用了 B 选项，则 F 选项规定矩形以矩形边框的颜色填充。不能不用 B 而用 F。如果不用 F 光用 B，则矩形用当前的 FillColor 和 FillStyle 填充。FillStyle 的默认值为 transparent。

方　法	功　能　及　说　明
Move	功能：用以移动 MDIForm、Form 或控件。不支持命名参数。 语法：Object.MoveLeft,Top,Width,Height 说明：Object 是可选的。为一个对象表达式。如果省略，则为具有焦点的窗体。 说明：Left 是必需的。为单精度值，指示 Object 左边的水平坐标(x 轴)。 　　　Top 是可选的。为单精度值，指示 Object 顶边的垂直坐标(y 轴)。 　　　Width 是可选的。为单精度值，指示 Object 新的宽度。 　　　Height 是可选的。为单精度值，指示 Object 新的高度。
Point	功能：返回指定磅的红、绿、蓝(RGB)颜色，如果由 x 和 y 坐标所引用的点位于 Object 之外，Point 方法将返回-1。 语法：Object.Point(x,y) 说明：Object 是可选的。为一个对象表达式。如果省略，则为具有焦点的窗体。 　　　(x，y)是必需的。均为单精度值，指示 Form 或 PictureBox 的 ScaleMode 属性中该点的水平(x 轴)和垂直(y 轴)坐标。必须用括号括起这些值。
PopupMenu	功能：用以在 MDIForm 或 Form 对象上的当前鼠标位置或指定的坐标位置显示弹出式菜单。不支持命名参数。 语法：Object.PopupMenuMenuname,Flags,X,Y,Boldcommand 说明：Object 是可选的。为一个对象表达式。如果省略，则为具有焦点的窗体。 　　　Menuname 是必需的。为要显示的弹出式菜单名。指定的菜单必须含有至少一个子菜单。 　　　Flags 是可选的。为一个数值或常数，用以指定弹出式菜单的位置和行为。 　　　X 是可选的。用于指定弹出式菜单的 x 坐标。如果该参数省略，则使用鼠标的坐标。 　　　Y 是可选的。用于指定弹出式菜单的 y 坐标。如果该参数省略，则使用鼠标的坐标。 　　　Boldcommand 是可选的。用于以粗体显示弹出式菜单中的菜单控件的标题。如果该参数省略，则弹出式菜单中没有以粗体字出现的控件。
Print	功能：在 Immediate 窗口中显示文本。 语法：Object.Print[Outputlist] 说明：Object 是必需的。为对象表达式。 　　　Outputlist 是可选的。为要打印的表达式或表达式的列表。如果省略，则打印一空白行。 　　　Outputlist 参数具体含义如下： 　　　· {Spc(n)|Tab(n)}ExpressionCharpos 　　　· Spc(n)是可选的。用来在输出时插入空白字符，这里 n 为要插入的空白字符数。 　　　· Tab(n)是可选的。用来将插入点定位在绝对列号上，这里 n 为列号。使用无参数的 Tab(n)，则将插入点定位在下一个打印区的起始位置。 　　　· Expression 是可选。为要打印的数值表达式或字符串表达式。 　　　· Charpos 是可选的。指定下个字符的插入点。使用分号(;)直接将插入点定位在上一个被显示的字符之后。如果省略 Charpos，则在下一行打印下一字符。 　　　可以用空白或分号来分隔多个表达式。

续表

方　法	功　能　及　说　明
PSet	功能：将对象上的点设置为指定颜色。 语法：Object.PSet[Step](x,y),[Color] 说明：Object 是可选的。为对象表达式。如果省略，则为具有焦点的窗体。 　　　Step 是可选的。为关键字，指定相对于由 CurrentX 和 CurrentY 属性提供的当前图形位置的坐标。 　　　(x，y)是必需的。为 Single(单精度浮点数)，是被设置点的水平(x 轴)和垂直(y 轴)坐标。 　　　Color 是可选的。为 Long(长整型数)，为该点指定的 RGB 颜色。如果它被省略，则使用当前的 ForeColor 属性值。可用 RGB 函数或 QBColor 函数指定颜色。
Refresh	功能：强制全部重绘一个窗体或控件。 语法：Object.Refresh 说明：Object 一个对象表达式。 　　　在下列情况下使用 Refresh 方法。 　　　• 在另一个窗体被加载时显示一个窗体的全部。 　　　• 更新诸如 FileListBox 控件之类的文件系统列表框的内容。 　　　• 更新 Data 控件的数据结构。
RemoveItem	功能：用以从 ListBox 或 ComboBox 控件中删除一项，或从 MSFlexGrid 控件中删除一行。不支持命名参数。 语法：Object.RemoveItemIndex 说明：Object 是必需的。为一个对象表达式。 　　　Index 是必需的。为一个整数，它表示要删除的项或行在对象中的位置。对于 ListBox 或 ComboBox 中的首项或 MSFlexGrid 控件中的首行，Index=0。
Scale	功能：用以定义 Form、PictureBox 或 Printer 的坐标系统。不支持命名参数。 语法：Object.Scale(x1,y1)—(x2,y2) 说明：Object 是可选的。为一个对象表达式。如果省略，则为具有焦点的窗体。 　　　(x1，y1)是可选的。均为单精度值，定义 Object 左上角的水平(x 轴)和垂直(y 轴)坐标。这些值必须用括号括起。如果省略，则第二组坐标也必须省略。 　　　(x2，y2)是可选的。均为单精度值，定义 Object 右下角的水平和垂直坐标。这些值必须用括号括起。如果省略，则第一组坐标也必须省略。 　　　Scale 方法使您能够将坐标系统重置到所选择的任意刻度。Scale 对运行时的图形语句以及控件位置的坐标系统都有影响。 　　　如果使用不带参数的 Scale(两组坐标都省略)，坐标系统的度量单位将重置为缇。
SetFocus	功能：将焦点移至指定的控件或窗体。 语法：Object.SetFocus 说明：Object 一个对象表达式。 说明：对象必须是 Form 对象、MDIForm 对象或者能够接收焦点的控件。调用 SetFocus 方法以后，任何的用户输入将指向指定的窗体或控件。

方　法	功　能　及　说　明
SetFocus	焦点只能移到可视的窗体或控件。因为在窗体的 Load 事件完成前，窗体或窗体上的控件是不可见的，所以如果不是在 FormLoad 事件过程完成之前首先使用 Show 方法显示窗体的话，是不能使用 SetFocus 方法将焦点移至正在自己的 Load 事件中加载的窗体的。也不能把焦点移到 Enabled 属性被设置为 False 的窗体或控件。如果已在设计时将 Enabled 属性设置为 Falsc，必须在使用 SetFocus 方法，使其接收焦点前将 Enabled 属性设置为 True。
WriteLine	功能：写入一个指定的字符串和换行符到一个 TextStream 文件中。 语法：Object.Writeline([String]) 说明：Object 是必需的。它始终是一个 TextStream 对象的名字。 　　　String 是可选的，为要写入文件的正文。如果省略，一个换行符将被写入文件中。

附录 E ⊕ VB6.0 常用事件

事　件	说　明
Activate/ Deactivate	Activate：当一个对象成为活动窗口时发生。 Deactivate：当一个对象不再是活动窗口时发生。 语法： PrivateSubObject_Activate() PrivateSubObject_Deactivate() 　　一个对象可以通过诸如单击它或使用代码中的 Show 或 SetFocus 方法之类的用户操作而变成活动的。 　　Activate 事件仅当一个对象可见时才发生。例如，除非使用 Show 方法或将窗体的 Visible 属性设置为 True，否则，一个用 Load 语句加载的窗体是不可见的。 　　Activate 和 Deactivate 事件仅当焦点在一个应用程序内移动时才发生。在另一个应用程序中将焦点移向或移离一个对象时，不会触发任何一个事件。当一个对象卸载时，不会发生 Deactivate 事件。 　　Activate 事件在 GotFocus 事件之前发生，LostFocus 事件在 Deactivate 事件之前发生。对 MDI 子窗体来说，这些事件仅当焦点从一个子窗体改变到另一个子窗体时才会发生。例如，在一个带有两个子窗体的 MDIForm 对象中，当焦点在子窗体之间移动时，它们能接收这些事件。然而，当焦点在一个 MDI 子窗体和一个非 MDI 子窗体之间移动时，父 MDIForm 将接收 Activate 和 Deactivate 事件。
Change	指示一个控件的内容已经改变。此事件如何和何时发生则随控件的不同而不同。 　　•ComboBox：改变控件的文本框部分的正文。该事件仅在 Style 属性设置为 0(下拉 Combo)或 1(简单 Combo)和正文被改变或者通过代码改变了 Text 属性的设置时才会发生。 　　•DirListBox：改变所选择的目录。该事件在双击一个新的目录或通过代码改变 Path 属性的设置时发生。 　　•DriveListBox：改变所选择的驱动器。该事件当选择一个新的驱动器或通过代码改变 Drive 属性的设置时发生。 　　•HScrollBar 和 VScrollBar(水平和垂直滚动条)：移动滚动条的滑块部分或通过代码改变 Value 属性的设置时发生。 　　•Label：改变 Label 的内容。该事件在一个 DDE 链接更新数据或通过代码改变 Caption 属性的设置时发生。 　　•PictureBox：改变 PictureBox 的内容。该事件当一个 DDE 链接更新数据或通过代码改变 Picture 属性的设置时发生。 　　•TextBox：改变文本框的内容。该事件当一个 DDE 链接更新数据、用户改变正文或通过代码改变 Text 属性的设置时发生。 语法： PrivateSubObject_Change([IndexAsInteger]) Object 为一个对象表达式，其值是"应用于"列表中的一个对象。 Index 为一个整数，用来唯一地标识一个在控件数组中的控件。

事　件	说　　明
Click	此事件是在一个对象上按下然后释放一个鼠标按钮时发生。它也会发生在一个控件的值改变时。 对一个 Form 对象来说，该事件是在单击一个空白区或一个无效控件时发生。 对一个控件来说，这类事件是在下列的情况下发生： ·用鼠标的左键或右键单击一个控件。对 CheckBox，CommandButton，Listbox 或 OptionButton 控件来说，Click 事件仅当单击鼠标左键时发生。 ·通过按下箭头键或者单击鼠标按钮，对 ComboBox 或 ListBox 控件中的项目进行选择。 ·当 CommandButton,OptionButton 或 CheckBox 控件具有焦点时，按下 Spacebar 键。 ·当窗体带有其 Default 属性设置为 True 的 CommandButton 控件时，按下 Enter 键。 ·当窗体带有一个其 Cancel 属性设置为 True 的 CommandButton 控件时，按下 Esc 键。 ·对控件按下一个访问键。例如，如果一个 CommandButton 控件的标题是"&Go"，则按下 Alt+G 键可触发该事件。 也可在代码中触发 Click 事件，通过： ·将一个 CommandButton 控件的 Value 属性设置为 True。 ·将一个 OptionButton 控件的 Value 属性设置为 True。 ·改变一个 CheckBox 控件的 Value 属性的设置。 语法： PrivateSubForm_Click() PrivateSubObject_Click([IndexAsInteger]) Object 为一个对象表达式，其值是"应用于"列表中的一个对象。 Index 是一个整数，用来唯一地标识一个在控件数组中的控件。
GotFocus	当对象获得焦点时产生该事件。获得焦点可以通过诸如 Tab 切换或单击对象之类的用户动作，或在代码中用 SetFocus 方法改变焦点来实现。 语法： PrivateSubForm_GotFocus() PrivateSubObject_GotFocus([IndexAsInteger]) Object 是一个对象表达式，其值是"应用于"列表中的一个对象。 Index 是一个整数，用来唯一地标识一个在控件数组中的控件。

续表

事　件	说　　明
Resize	当一个对象第一次显示或当一个对象的窗口状态改变时该事件发生。例如，一个窗体被最大化、最小化或被还原。 语法： 　　PrivateSubForm_Resize() 　　PrivateSubObject_Resize(HeightAsSingle,WidthAsSingle) 　　Object 是一个对象表达式，其值是"应用于"列表中的一个对象。 　　Height 用于指定控件新高度的数。 　　Width 用于指定控件新宽度的数。 说明： 　　当父窗体调整大小时，可用 Resize 事件过程来移动控件或调整其大小。也可用此事件过程来重新计算那些变量或属性，如 ScaleHeight 和 ScaleWidth 等，它们取决于该窗体的尺寸。如果在调整大小时想要保持图形的大小与窗体的大小成比例，可在一个 Resize 事件中通过使用 Refresh 方法调用 Paint 事件。 　　任何时候只要 AutoRedraw 属性被设置为 False，而且窗体被调整大小，VisualBasic 也会按 Resize 和 Paint 的顺序调用相关的事件。当给这些相关事件附加过程时，要确保它们的操作不会互相冲突。 　　当一个 OLE 容器控件的 SizeMode 属性被设置为 2(自动调大小)时，该控件自动根据所显示的包含于该控件之中的对象的大小来调整其大小。如果所显示的对象的大小发生变化，则该控件自动重调其大小以适应该对象的变化。当这种情况出现时，为该对象调用 Resize 事件会在 OLE 容器控件被重调大小之前发生。Height 和 Width 部分指示该对象显示的最佳大小(这个尺寸由创建该对象的应用程序决定)。可通过在 Resize 事件中改变 Height 和 Width 部分的值来按不同的尺寸设定控件的大小。
Unload	当窗体从屏幕上被删除时发生。当这个窗体被重新加载时，它的所有控件的内容均被重新初始化。当使用在 Control 菜单中的 Close 命令或 Unload 语句关闭该窗体时，此事件被触发。 语法： 　　PrivateSubObject_Unload(CancelIAsInteger) 　　Object 为一个对象表达式，其值是"应用于"列表中的一个对象。 　　Cancel 为一个整数，用来确定窗体是否从屏幕删除。如果 Cancel 为 0，则窗体被删除。将 Cancel 设置为任何一个非零的值可防止窗体被删除。 说明： 　　将 Cancel 设置为任何非零的值可防止窗体被删除，但不能阻止其他事件，诸如从 MicrosoftWindows 操作环境中退出等。可用 QueryUnload 事件阻止从 Windows 中的退出。 　　在窗体被卸载时，可用一个 Unload 事件过程来确认窗体是否应被卸载或用来指定想要发生的操作。也可在其中包括任何在关闭该窗体时也许需要的验证代码或将其中的数据存储到一个文件中。 　　QueryUnload 事件在 Unload 事件之前发生。Unload 事件在 Terminate 事件之前发生。 　　使用 Unload 语句或在一个窗体的"控件"菜单上选择"关闭"命令，或用"任务窗口"列表上的"结束任务"按钮退出应用程序，或在当前窗体为其一个子窗体的情况下关闭该 MDI 窗体，或当应用程序正在运行的时候退出 MicrosoftWindows 操作环境等情况都可引发 Unload 事件。

附录 F　常用内部函数

函 数 名	函 数 作 用	语 法 结 构
CreateObject	创建对 ActiveX 对象的引用	CreateObject(Class)
GetObject	返回对 ActiveX 对象的引用	GetObject([PathName][,Class])
Array	返回一个包含数组的 Variant	Array(ArgList)
LBound	返回数组维可用的最小下标	LBound(ArrayName[,Dimension])
UBound	返回数组维可用的最大下标	UBound(ArrayName[,Dimension])
Asc	返回字符串首字母的字符代码	Asc(String)
Val	将字符类型的数据转换成数值类型	Val(String)
CurDir	返回当前的路径	CurDir[(Drive)]
Dir	返回文件名、目录名或文件夹名	Dir[(PathName[,Attributes])]
FileDateTime	返回文件创建、修改后的日期和时间	FileDateTime(PathName)
FileLen	返回文件的长度，单位是字节	FileLen(PathName)
GetAttr	返回文件、目录或文件夹的属性	GetAttr(PathName)
EOF	测试文件的结尾	EOF(FileNumber)
FileAttr	返回打开文件的文件方式	FileAttr(FileNumber,ReturnType)
FreeFile	返回使用的文件号	FreeFile[(RangeNumber)]
Input	返回打开的文件中的字符	Input(Number,[#]FileNumber)
$Loc	返回打开文件当前读 / 写位置	Loc(FileNumber)
LOF	返回打开文件的大小，以字节为单位	LOF(FileNumber)
Seek	返回打开文件当前的读 / 写位置	Seek(FileNumber)
QBColor	返回对应颜色值的 RGB 颜色码	QBColor(Color)
RGB	返回表示一个 RGB 颜色值	RGB(Red,Green,Blue)
IsArrav	返回变量是否为一个数组	IsArray(VarName)
IsDate	返回表达式是否可以转换成日期	IsDate(Expression)
IsEmpty	返回变量是否已经初始化	IsEmpty(Expression)
IsError	返回表达式是否为一个错误值	IsError(Expression)
IsMissing	返回参数是否已经传递给过程	IsMissing(ArgName)
IsNull	返回表达式是否不包含任何有效数	IsNull(Expression)
IsNumeric	返回表达式的运算结果是否为数值	IsNumeric(Expression)
IsObject	返回标识符是否表示对象变量	IsObject(Identifier)

续表

函数名	函 数 作 用	语 法 结 构
Abs	返回参数的绝对值	Abs(Number)
Atn	返回参数的反正切值	Atn(Number)
Cos	返回参数的余弦值	Cos(Number)
Exp	返回参数的 e 的幂	Exp(Number)
Int、Fix	返回参数的整数部分	Int(Number)、Fix(Number)
Log	返回参数的自然对数值	Log(Number)
Rnd	返回一个包含随机数	Rnd[(Number)]
Sgn	返回参数的正负号	Sgn(Number)
Sin	返回参数的正弦值	Sin(Number)
Sqr	返回参数的平方根	Sqr(Number)
Tan	返回参数的正切值	Tan(Number)
Format	用于格式表达式的指令来格式化	Format(Expression[,Format[,FirstDayOf Week[,FirstWeekOfYear]]])
Tab	与 Print#语句或 Print 方法一起使用，对输出进行定位	Tab[(n)]
Spc	与 Print#语句或 Print 方法一起使用，对输入进行定位	Spc(n)
Instr	返回一个字符串在另一字符串中最先出现的位置	InStr([Start,]Stringl,String2[,Compare])
LCase	将字符串中的字符转成小写	LCase(String)
Left	返回字符串中从左边算起指定数量的字符	Left(String,Length)
Len	返回字符串内字符的数目	Len(string[varnarne)
LTrim	返回没有前导空白字符串	LTrim(String)
RTrim	返回没有尾随空白字符串	RTrim(String)
Trim	返回没有前导和尾随空白字符串	Trim(String)
Mid	返回字符串中指定数量的字符	Mid(String,Start[,Length])
Right	返回字符串右边取出的指定数量字符	Right(String,Length)
Space	返回特定数目的空格	Space(Number)
Str	将数值类型的数据转换成字符类型	Str(Number)
StrComp	返回字符串比较的结果	StrComp(Stringl,String2[,Compare])
String	返回指定长度重复字符的字符串	String(Number,Character)
UCase	将字符串中的字符转成大写	UCase(String)
Date	返回系统日期	Date
DateAdd	返回某个日期，加上了一段时间间隔的时间	DateAdd(Interval,Number,Date)
DateDiff	返回指定日期间的时间间隔数	DateDiff(Interval,Datel,Date2[,FirstDayOf Week[,FirstWeekOfYear]])

函数名	函 数 作 用	语 法 结 构
DatePart	返回已知日期的指定时间部分	DatePart(Interval,Date[,FirstDayOfWeek[, FirstWeekOfYear]])
DateSerial	返回年、月、日的时间	DateSerial(Year,Month,Day)
DateValue	返回一个 Variant(Date)	DateValue(Date)
Day	返回表示某月中的某一日	Day(Date)
Hour	返回表示某天之中的某一钟点	Hour(Time)
Minute	返回表示某时中的某分钟	Minute(Time)
Month	返回表示某年中的某月	Month(Date)
Now	返回计算机系统设置的日期和时间	Now
Second	返回表示某分钟之中的某一秒	Second(Time)
TIme 函数	设置系统时间	Time
Time 语句	返回代表从午夜开始到当前时间经过的秒数	Time=time
TimeSerial	返回具有具体时、分、秒的时间	TimeSerial(Hour,Minute,Second)
Weekday	返回代表某个日期是星期几	Weekday(Date,[FirstDayOfWeek])
Year	返回表示年份的整数	Year(Date)
Error	返回对应于已知错误号的错误信息	Error[(ErrorNumber)]
IIf	根据表达式的值，来执行两部分中的一个	IIf(Expr,TruePart,FalsePart)
InputBox	在一对话框中显示提示，等待用户输入正文或单击按钮	InputBox(Prompt[,Title][,Default][,XPos[, YPos][,HelpFile,Context])
MsgBox	在对话框中显示消息，等待用户单击按钮，并返回一个 Integer，告诉用户单击哪一个按钮	MsgBox(Prompt[,Buttons][,title][,HelpFile, Context])
Shell	执行一个可执行文件，如果成功的话，返回这个程序的任务 ID，若不成功，则会返回 0。	Shell(PathName[,WindowStyle])
Swith	计算一组表达式列表的值，然后返回与表达式列表中最先为 True 的表达式所相关的 Variant 数值或表达式	Switch(Expr-l,Value-1[,Expr-2,Value-2…[, Expr-n,value-n]])
TypeName	返回一个 String，提供有关变量的信息	TypeName(ValName)
VarType	返回一个 Integer，指出变量的子类型	VarType(VarName)

附录G 常见错误信息

代码	说　　明	代码	说　　明
3	没有返回的 GoSub	93	无效的模式字符串
5	无效的过程调用	94	Null 的使用无效
6	溢出	97	不能在对象上调用 Friend 过程，该对象不是定义类的实例
7	内存不足	298	系统 DLL 不能被加载
9	数组索引超出范围	320	在指定的文件中不能使用字符设备名
10	此数组为固定的或暂时锁定	321	无效的文件格式
11	除以零	322	不能建立必要的临时文件
13	类型不符合	325	源文件中有无效的格式
14	字符串空间不足	327	未找到命名的数据值
16	表达式太复杂	328	非法参数，不能写入数组
17	不能完成所要求的操作	335	不能访问系统注册表
18	发生用户中断	336	ActiveX 部件不能正确注册
20	没有恢复的错误	337	未找到 ActiveX 部件
28	堆栈空间不足	338	ActiveX 部件不能正确运行
35	没有定义子程序、函数或属性	360	对象已经加载
47	DLL 应用程序的客户端过多	361	不能加载或卸载该对象
48	装入 DLL 时发生错误	363	未找到指定的 ActiveX 控件
49	DLL 调用规格错误	364	对象未卸载
51	内部错误	365	在该上下文中不能卸载
52	错误的文件名或数目	368	指定文件过时。该程序要求较新版本
53	文件找不到	371	指定的对象不能用作供显示的所有窗体
54	错误的文件方式	380	属性值无效
55	文件已打开	381	无效的属性数组索引
57	I/O 设备错误	382	属性设置不能在运行时完成
58	文件已经存在	383	属性设置不能用于只读属性
59	记录的长度错误	385	需要属性数组索引
61	磁盘已满	387	属性设置不允许
62	输入已超过文件结尾	393	属性的取得不能在运行时完成
63	记录的个数错误	394	属性的取得不能用于只写属性
70	没有访问权限	400	窗体已显示，不能显示为模式窗体
?1	磁盘尚未就绪	402	代码必须先关闭顶端模式窗体
74	不能用其他磁盘机重命名	419	允许使用否定的对象
75	路径/文件访问错误	422	找不到属性
76	找不到路径	423	找不到属性或方法
91	尚未设置对象变量或 With 出区块变量	424	需要对象
92	For 循环没有被初始化	425	无效的对象使用

代码	说　　　明	代码	说　　　明
429	ActiveX 部件不能建立或返回此对象的引用	460	剪贴板格式无效
430	类不支持自动操作	462	远程服务器机器不存在或不可用
432	在自动操作期间找不到文件或类名	463	类未在本地机器上注册
438	对象不支持此属性或方法	480	不能创建 AutoRedraw 图像
440	自动操作错误	481	无效图片
442	连接到型态程序库或对象程序库的远程处理已经丢失	483	打印驱动不支持指定的属性
443	自动操作对象没有默认值	484	从系统得到打印机信息时出错。确保正确设置了打印机
445	对象不支持此动作	485	无效的图片类型
446	对象不支持指定参数	486	不能用这种类型的打印机打印窗体图像
447	对象不支持当前的位置设置	520	不能清空剪贴板
448	找不到指定参数	521	不能打开剪贴板
449	参数无选择性或无效的属性设置	735	不能将文件保存至 TEMP 目录
450	参数的个数错误或无效的属性设置	744	找不到要搜寻的文本
451	对象不是集合对象	746	取代数据过长
452	序数无效	31001	内存溢出
453	找不到指定的 DLL 函数	31004	无对象
454	找不到源代码	31018	未设置类
455	代码源锁定错误	31027	不能激活对象
457	此键已经与集合对象中的某元素相关	31032	不能创建内嵌对象
458	变量使用的型态是 VisualBasic 不支持的	31036	存储到文件时出错
459	此部件不支持事件	31037	从文件读出时出错

参 考 文 献

[1] 梁普选. 新编 Visual Basic 程序设计教程（第2版）[M]. 北京：电子工业出版社，2004.

[2] 本书编委会. Visual Basic 编程篇[M]. 北京：电子工业出版社，2004.

[3] 柴欣. Visual Basic 程序设计基础（第3版）[M]. 北京：中国铁道出版社，2006.

[4] 龚沛曾. Visual Basic 程序设计教程（第3版）[M]. 北京：高等教育出版社，2007.

[5] 李雁翎. Visual Basic 程序设计[M]. 北京：清华大学出版社，2004.

[6] 许薇，方修丰. Visual Basic[M]. 北京：清华大学出版社，2008.

[7] 黄冬梅，王爱继，陈庆海. Visual Basic 6.0 程序设计案例教程[M]. 北京：清华大学出版社，2008.

[8] 刘彬彬，高春香，孙秀梅. Visual Basic 从入门到精通[M]. 北京：清华大学出版社，2008.